所有磨难，都是向上的垫脚石

希文 ◎ 主编

中华工商联合出版社

图书在版编目（CIP）数据

所有磨难，都是向上的垫脚石 / 希文主编． -- 北京：中华工商联合出版社，2021.1
 ISBN 978-7-5158-2950-0

Ⅰ．①所… Ⅱ．①希… Ⅲ．①成功心理－通俗读物 Ⅳ．① B848.4-49

中国版本图书馆 CIP 数据核字（2020）第 235841 号

所有磨难，都是向上的垫脚石

主　　编：	希　文
出 品 人：	李　梁
责任编辑：	吕　莺
装帧设计：	星客月客动漫设计有限公司
责任审读：	傅德华
责任印制：	迈致红
出版发行：	中华工商联合出版社有限责任公司
印　　刷：	北京毅峰迅捷印刷有限公司
版　　次：	2021 年 4 月第 1 版
印　　次：	2021 年 4 月第 1 次印刷
开　　本：	710mm×1000 mm　1/16
字　　数：	213 千字
印　　张：	13
书　　号：	ISBN 978-7-5158-2950-0
定　　价：	58.00 元

服务热线：010-58301130-0（前台）
销售热线：010-58302977（网店部）
　　　　　010-58302166（门店部）
　　　　　010-58302837（馆配部、新媒体部）
　　　　　010-58302813（团购部）
地址邮编：北京市西城区西环广场 A 座
　　　　　19-20 层，100044
http://www.chgslcbs.cn
投稿热线：010-58302907（总编室）
投稿邮箱：1621239583@qq.com

工商联版图书
版权所有　盗版必究

凡本社图书出现印装质量问题，
请与印务部联系。
联系电话：010-58302915

前言

磨难是成长的必然经历。谭嗣同曾经说过："人生世间，天必有困之：以天下事困圣贤英雄，以道德文章困士人，以功名困仕宦，以货利困商贾，以衣食困庸夫。"磨难重重，这才是真实的人生。

丹麦著名童话家安徒生，出身贫寒，相貌丑陋，体型笨拙。但他在众人的嘲笑中坚持写作，终于从鞋匠的儿子逆袭成全世界儿童的"父亲"。

法国著名作家左拉，在没有成名时过得非常苦。没有食物，他捕来麻雀，用挂窗帘的铁丝烤着吃。没有钱买文具，就把仅有的几件衣服当掉。25岁那年，他出版了自己的第一部长篇小说，却被官方批评界斥为"有伤风化"，办公室遭到了搜查……

人生的风雨是立世的训谕，生活的磨难是人生的老师。磨难是人生的底色，完全一帆风顺人生还没有出现过。磨难是一块试金石，更是一剂清醒药。强者从磨难里破茧成蝶，弱者在磨难中沉沦败落。左丘失明著有《国语》，屈原放逐乃赋《离骚》，司马迁遭宫刑著有《史记》，一代代伟人向我们证明磨难是财富。

磨难，对人生来说是一种经历，一种淬炼，也是一种财富。风雨过后是彩虹。对于经历苦难而能有所感悟并且奋发有为的人来说，苦难是一种宝贵的财富，并将受用终生。

努力的人生，永不后悔！

目录

第一章 成熟前的水果是苦的

从苦难中看到希望 /003

逆境并不是绝境 /005

巧用替代律 /011

有志者事竟成 /015

学会给自己机会 /017

必须要有忧患意识 /021

把困难踩在脚下 /022

苦难也有两重性 /024

对自己说"不要紧" /026

在困境中成长 /028

第二章 在独处中成就自己

古来圣贤皆寂寞 /033

独处有很多好处 /036

需要学会独处 /039

不必为孤独沮丧 /040

最难做到的是心静 /042

不要理会别人的风凉话 /044

当讥讽扑面而来 /046

有时候你必须等待 /048

第三章　让思想为成功开路

如何面对不同困局 /054

不停反省，不停跨越 /062

不要被情绪影响 /067

随时保持思路清晰 /069

成功的路有很多条 /072

越关键时刻越要冷静 /077

立刻采取行动 /079

第四章　如何走出职场的困境

大胆争取涨薪 /085

如何抓住晋升机会 /089

怀才不遇怎么办 /094

巧妙化解与上级的误会 /100

遭同事排挤怎么办 /107

满怀激情工作 /112

转行要三思而后行 /116

第五章　怎么走出婚恋的困境

杜绝办公室恋情 /124

提高情商的7个技巧 /127

夫妻吵架没有输赢 /130

性格不同的人怎么相处 /134

别让感情变成负累 /136

如何面对伴侣的外遇 /140

相爱容易相处难 /141

学会放手也是一种爱 /144

第六章　抱团取暖，力量大

维护亲戚关系 /151

朋友多了路才好走 /155

同窗十年半生缘 /160

远亲不如近邻 /162

结交一些真诚的朋友 /164

投桃报李，获得好人脉 /168

不要错过值得"烧香"的"冷庙" /170

与成功的人士为友 /174

第七章　接受无法改变的

不幸，是难以避免的 /181

用宣泄来改变自己 /185

逆境中也要保持乐观 /188

给自己"东山再起"的机会 /191

磨难是人生的课堂 /193

第一章
成熟前的水果是苦的

有一句意大利谚语："水果成熟前，味道是苦的。"苦涩的感觉是成长与内心挣扎必然的一部分。我们可能常常这样自语："为什么是我呢？我已经够努力了，但命运总是与我作对，这太不公平了。"有谁不会有这种感觉呢？然而，困局中的你如果任由自己陷于怨恨与绝望，你就永远无法在人格上成熟起来，成长亦无从发生。

痛苦的境遇就像是撒落在自我田野上的肥料一样，可以促进自我的成长，自我田野中的禾苗会因为受到耕耘施肥而能够更茁壮健康地生长。我们的人性并非一开始就发展得很完全。相反，它是经过日常生活的竞争和挑战之后才日臻完善的，就像一块铁在铁匠的炉火中经过千锤百炼才能成形。

从苦难中看到希望

失恋了，有人会说："没有什么比现在更糟糕的了"；被炒鱿鱼了，有人会说："没有什么比现在更糟糕的了"；甚至于不慎丢失了一个手机，也会有人说："没有什么比现在更糟糕的了。"事实真的是这样吗？

你现在不妨仔细想想，从小至今从你的口里或心里说过了多少次"没有什么比现在更糟糕"？——儿童时失手打碎了邻居家的花瓶，少年时考试未及格，年轻时和初恋的人分手……这些事情，在当时你的眼里也许都是一件件糟糕透顶的事。你为此焦虑、悲伤，甚至痛不欲生。现在，时过境迁，你还会认为那些事情是"糟糕透顶"吗？

5岁那年的一天，我到一间无人住的破庙里去玩。当我爬到高高的窗台掏鸟窝时，竟发现鸟窝中盘着一条吐着红信的蛇。我吓得从窗台上掉了下来，将手臂摔断，还失去了左手的一根小指。

我当时吓呆了，以为今生完了。但是后来身体痊愈，也就再没为这事烦恼。现在，我几乎从没想到左手只有四根手指。

几年前，我在广州遇到一个开电梯的工人，他在事故中失去了左臂。我问他是否感到不便，他说："只有在缝针的时候才感觉到。"

别以为我们只有在年少时才会把"芝麻大"的事儿当成天大的事情。成年人也经常会自我夸大失败和失望，以为那些事都非常要紧，以至于每次都好像到了生死的关头。然而，许多年过去后，回头一看，我们自己也会忍不住笑自己，为什么当初竟把小事看得那么重要呢？时间是治疗挫折感的方式之一，只有学会积极地面对困境，才能避免长时间的漫长而痛苦的恢复过程，并且使这个过程变成一段享受的时光。

兰兰爱上了英俊潇洒的张先生，她确信找到了自己的白马王子。可是有一天晚上，张先生婉转地对兰兰说，他只把是把她当作妹妹。妹妹？兰兰听了这句话，心中以张先生为中心构想的爱情大厦顷刻土崩瓦解了。那天夜里，兰兰在卧室哭了整整一夜，她甚至感到整个世界都失去了意义。但是，随着时光流逝，爱情的创伤在她心中慢慢地结痂，只是触及时还会有一些隐痛。兰兰隐约感觉将来会有另一个人成为她的白马王子。果然，一个更适合她的小伙子来了，他们结婚生子，生活得非常快乐。但是，有一天，她从丈夫那里得到一个坏消息：丈夫把投资做生意的钱赔掉了。兰兰想：这次可糟了，今后一家人的生活将怎样维持呢？这时，她听到了屋外孩子玩耍发出的兴奋的喊叫，她扭头看去，正好看到孩子冲她笑着。孩子灿烂的笑容使她立刻意识到，一切都会过去，没有什么要紧的。于是，她打起精神和家人度过了那个难关。她说："人生在世，有许多要紧的事情，也有许多使我们的平和心情和快乐受到威胁的事情，冷静地想一想，实际上这一切也许都是不要紧的，或者不像我们所想的那样要紧。"

说"不要紧"不是要使自己变得麻木不仁，对困局无动于衷，而是要你冷静与从容起来，从而变得更敏锐、更智慧，使自己在困局中看到希望，享受到爱。

逆境并不是绝境

人身处困局并不可怕，可怕的是失去进取的勇气。当一个打击扑面而来时，我们本能的反抗心理可能会给予我们以勇气。然而，当一个又一个打击接踵而至时，不少人高昂的斗志在一点一点消融……

人生路上，风风雨雨，几番吹打，几番迷茫，几番行色匆匆。

年轻的生命，就像春天的草木，抱着理想，抱着希望，洋溢着青春的活力。只是由于经验不足，还不大能经得起风雨的考验。

试想，要是自然界没有风雨，也许所有树木都是软木质的；要是生活中没有坎坷、挫折，任何人都不会拥有刚强的性格。正是风雨，培育了大树；正是坎坷、挫折，造就了堪当重任的强者。

透过风雨中迷蒙的雾霭，方能看得到成功和幸福的光芒在那里闪烁。人生的风雨，其实是一种跋涉于泥淖之中的境遇。

车尔尼雪夫斯基曾说过："历史的道路不是涅瓦大街上的人行道，它完全是在田野中前进的，有时穿过尘埃，有时穿过泥泞，有时横渡沼泽，有时行经丛林。"人的生活道路也并不总是洒满阳光、充满诗意，常常也会遇上沼泽、寒风或面临荆棘丛生的小道。一时陷入困境，应该是现代人生的一个必修课题。比如，屡考大学不就，招来周围的闲言碎语；或呻吟于床褥，病魔缠身，陷在深深的孤独之中；或思改前咎，奋力向前，不仅不为人所理解，反遭冷落挖苦；或身遭陷害，命运莫测，受尽委屈……

没有人能给生活贴上永久顺利的标签，但面对困境的选择却依然殊异。懦弱者尽尝烦恼，度日如年；畏难者磨去锐气，萎靡不振；有志者自强不息，在困境的荒野上开垦孕育价值的沃土。

困境吞噬意志薄弱的失败者，而常常造就毅力超群的成功者。司马迁发愤著述，终于写成《史记》这样的旷古之作。贝多芬的数部交响曲，都是对事业追求不息的生命支撑点谱写而成。丹麦的安徒生一贫如洗，全家睡在一个搁棺材的木架上，常常流浪在哥本哈根的街头巷尾，却成为世界文坛的名流豪杰；英国物理学家法拉第出身贫寒，当过学徒卖过报，吃了上顿缺下顿，但却百折不挠，创立了电磁感应定律，为人类敲开了电气时代的大门。

逆境并非绝境，在人类历史的长河中，如果具有"坦途在前，人又何必会因为一点小障碍而不敢向前。"

马尔藤博士曾这样说，在风平浪静的湖面上荡舟，用不着多少划船技巧和航行经验。只有当海洋被暴风雨激怒，浊浪排空，怒涛澎湃，船只面临灭顶之灾，船中人相顾失色、惊恐万状之时，船长的航海能力才能被试验出来。

当你处于经济窘迫，生活步履维艰，事业惨淡无光之时，你才会接受考验：你是一个懦夫，还是一个勇敢坚毅的英雄好汉？

历史上几乎所有的英雄豪杰都是在暴风骤雨的时代涌现出来的。大凡一个杰出的人物，都产生在重重的磨难里，产生在十分恶劣的人生境况之下。

人生的风雨是立世的训谕，困境是人生的老师。生命的乐章要奏出强音，必须依靠激情；青春的火焰要燃得旺盛，必须仰仗激情。

有人说，激情犹如火焰，当阴霾蔽日之时，指给你奔向光明的前程；有人说，激情宛似温泉，当冰凌满谷之时，冲得你身心暖融融的；有人说，激情好比葛藤，当你向险峰攀登之时，引你拾级而上；也有人说，激情就像金钥匙，当你置身于人生迷宫之时，助你撷取皇冠上的明珠。

怀疑是信念之星的雾霭，在人迷离的时候，遮住了人的双眼；动摇是信念之树的蛀虫，在飓风袭来的时候，折断挺拔的枝干；朝秦暮楚是信念之舟的礁屿，在潮汐起落的时候，会阻止奔向理想彼岸的行程。

一个人拥有坚定的信念是最重要的，只要有坚定的信念，力量会自然而生。

信念好比航标灯射出的明亮的光芒，在朦胧浩渺的人生海洋中，牵引着人们走向辉煌。高高举起信念之旗的人，对一切艰难困苦都无所畏惧；相反，信念之旗倒下了，人的精神也就垮了。而从来就不曾拥有过信念的人对一切都会畏首畏尾，在漫长的人生旅途中抬不起头，挺不起胸，迈不开步，整天浑浑噩噩，看不到光明，因而也感受不到人生成功的幸福和快乐、激情与喜悦。

信念在人的精神世界里是挑大梁的支柱，没有它，一个人的精神大厦就极有可能会坍塌下来。信念是力量的源泉，是胜利的基石。

"这个世界上，没有人能够使你倒下。如果你自己的信念还站立的话。"这是著名的黑人领袖马丁·路德·金的名言。

纵观在事业上有成就的人，他们都具有坚定的信念。巴甫洛夫曾宣称："如果我坚持什么，就是用炮也不能打倒我。"高尔基指出："只有满怀信念的人，才能在任何地方都把信念沉浸在生活中并实现自己的意志。"事实已经反复证明，自卑，像一根潮湿的火柴，永远也不能点燃成功的火焰。许多人的失败不是因为他们不能成功，而是因为他们不敢争取。而信念，则是成功的基石。道理很简单：人们只有对他所从事的事业充满了必胜的信念，才会采取相应的行动。如果没有行动，再壮丽的理想也不过是没有曝光的底片，一幅没有彩图的镜框而已。

对科学信念的执着追求，促使居里夫人以百折不挠的毅力，从堆积如山的矿物中终于提炼出珍贵的物质——镭。

就此，她曾说："生活对于任何一个男女都非易事，我们必须有坚忍不拔的精神，最要紧的，还是我们自己要有信念。我们必须相信，我们对每一件事情都具有天赋的才能，并且，无论付出任何代价，都要把这件事完成。当事情结束的时候，你要能够问心无愧地说我已经尽我所能了。

"有一年的春天里，我因病被迫在家里休息数周，我注视着女人们所养的蚕结着茧子。这使我感兴趣，望着这些蚕固执地、勤奋地工作着，我感到我和它们非常相似。像它们一样，我总是耐心地集中于一个目标。我之所以如此，或许是因为有某种力量在鞭策着我——正如蚕被鞭策着去结它的茧子一般。

"近五十年来，我致力于科学的研究，而研究，基本上是对真理的探讨。我有许多美好快乐的记忆。少女时期我在巴黎大学，孤独地过着求学的岁月；在那整个时期中，我丈夫和我专心致志地，像在梦幻之中一般，艰辛地坐在简陋的书房里研究，后来我们就在那儿发现了镭。"

信念如处子，坚贞最可贵，雷击而不动，风袭而不摇，火熔而不化，冰冻而不改。拥有信念的人，生活才更加充实，生命才更加绚烂。

惰性是才能的腐化剂

惰性是一种隐藏在人内心深处的东西，一帆风顺的时候，你也许看不到它，而当你碰到困难，身体疲惫，精神萎靡不振时，它就会像恶魔一样吞噬你的耐力，阻碍你走向成功。所以，我们必须克服它，要时刻想着从困境的漩涡中挣脱出来。

古今中外，凡事业有成者必有耐力，坚定执着、不屈不挠的斗志是他们获得成功的关键。发明大王爱迪生在分析自己的成功经历时，不无感叹地说："世上哪有什么天才。天才是百分之一的天分，加上百分之九十九的努力。"他告诫人们，要有所作为，就必须克服惰性，以饱满的热情，坚定执着地面对一切。

当你身心疲惫时，你会觉得连动一个小指头都很吃力，可是如果你靠着坚强的毅力，活动的速度就会加快，最终能够完全按照自己的意志自由活动了，这就是克服惰性的耐力带给你的成功！

在人生的路上，有耐力的人遇到困难和挫折时，就像投了保险一样镇定自若，绝不会惊惶失措，更不会像斗败的公鸡一样垂头丧气。他们无论失败多少次，最后必定能实现事业上的成功。

古人云："天将降大任于斯人，必先苦其心志。"这就好像有人故意安排，成功者必须经历种种失败和挫折的考验，人只有不畏困苦的锤炼，跌倒了也毫不在乎地站起来并继续昂首前进的人，才能获得最后的成功。而隐藏在内心深处的惰性是不会让人轻易通过耐力测试的。要享受成功的喜悦，换言之，就是要有坚强的耐力，就必须克服与生俱来的惰性。

有耐力的人就必定有所收获。不管这些人的目标是什么，他们在经历无数的风雨之后，必定有赢得成功的一天。不仅如此，他们除了获得最终的成功之外，还能从中深刻地体会到——无论哪一次失败和挫折的背后，必定藏有能产生更大希望的成功。

纵观古今，只有那些在困难和挫折面前全力拼搏的人，才有可能达到成功的巅峰，才有可能走在时代的最前列。对于那些从来不愿接受新的挑战，不敢正视困难与挫折和无法迫使自己去从事艰辛繁重的工作的人来说，他们是永远不可能有太大成就的。

所以，我们应该严格要求自己，不要放任自己无所事事地打发时光；不要让惰性爬出来吞噬我们的斗志，我们要学会调控自己的情绪；不管是处于一种什么样的心境，都要迫使自己去努力工作。

绝大多数的失败者之所以失败，是因为他们滋长了内心深处的惰性。他们不能获得最后的成功是因为他们不肯从事辛苦的工作，不愿付出辛勤的劳动，不愿意做出必要的努力。他们所希望的只是一种安逸的生活，他们陶醉于现有的一切。身体上的懒惰／懈怠、精神上的彷徨／冷漠，对一切放任自流，总想逃避挑战，去过一劳永逸的生活——所有这一切，使他们慢慢地变得默默无闻、碌碌无为。

一个人在工作上、生活上的惰性，最初的症状之一就是他理想与抱负在不知不觉中日渐褪色和萎缩。对于每一个渴望成功的人来说，养成时刻检视自己抱负的习惯，并永远保持高昂的斗志是至关重要的。要知道，一切取决于自己的远大志向，一个人如果胸无大志，游戏人生，那是非常危险的。要命的是，一旦我们停止使用我们的肌肉和大脑的话，一些本来具备的优势和能力也会在日积月累之后开始生疏，退化，最终离我们而去。如果我们不能不断地给自己的抱负加油，如果我们不能通过反复的实践来强化自己的能力，不彻底铲除隐藏在心底的惰性的话，那么，成功就会变得离我们异常遥远。

在我们周围的人群中，由于没有克服惰性，最后理想破灭，丧失斗志的人多得数不胜数。尽管他们外表看来与常人无异，但实际上曾经一度在他们心中燃烧的热情之火已经熄灭，取而代之的是无边无际的黑暗。

对于任何人来说，不管他现在的处境是多么恶劣，或者是先天条件多么糟糕，只要有耐力，只要他能够保持高昂的斗志，热情之火不灭，那么，他就大有希望；但是，如果他任由惰性蔓延，变得颓废消极，心如死灰，那么，他的人生锋芒和锐气也就丧失殆尽了。所以，在我们生活中，最大的挑战就是如何克服心底的惰性，保持高昂的斗志，让渴望成功的炽热火焰永远燃烧。

巧用替代律

　　心理失衡的现象在现代竞争日益激烈的生活中时有发生。大凡遇到成绩不如意、高考落榜、竞聘落选、与家人争吵、被人误解讥讽等情况时，各种消极情绪就会在内心积累，从而使心理失衡。消极情绪占据内心的一部分，而由于惯性的作用使这部分越来越沉重、越来越狭窄；而未被占据的那部分却越来越空、越变越轻。因而人的心理明显分裂成两个部分，沉者压抑，轻者浮躁，会出现暴戾、轻率、偏颇和愚蠢等等难以自抑的行为。这虽然是心理积累的能量在自然宣泄，但是它的行为却具有破坏性。

　　这时我们需要的是"心理补偿"。纵观古今中外的强者，其成功的秘诀就包括善于调节心理的失衡状态，通过心理补偿逐渐恢复心理平衡，直至增加建设性的心理能量。

　　有人打了一个颇为形象的比方：人好似一架天平，左边是心理补偿功能，右边是消极情绪和心理压力。你能在多大程度上加重补偿功能的砝码而达到心理平衡，你就能在多大程度上拥有了时间和精力，信心百倍地去从事那些有待你完成的任务，并有充分的乐趣去享受人生。

　　那么，应该如何去加重自己心理补偿的砝码呢？

　　首先，要有正确的自我评价。情绪是伴随着人的自我评价与需求的满足状态而变化的。所以，人要学会随时正确评价自己。有的青少年就是由于自我评价得不到肯定，某些需求得不到满足，此时未能进行必要的反思，调整自我与客观之间的距离，因而心境始终处于郁闷或怨恨状态，甚至悲观厌世，最后走上绝路。由此可见，青年人一定要学会正确估量自己，对事情的期望值不能过分高于现实值。当某些期望不能得到满足时，要善于劝慰和说服自己，不要为平淡而缺少活力的生活而遗憾。遗憾是生活中的"添加剂"，它为生活增添了发愤改变与追求的动力，使人不安于现状，永远有进步和发展的余地。生活中处处有遗憾，然而处处又有希望，希望安慰着遗憾，而遗憾又充实着希望。法国作家大仲马说："人生是一串由无数小烦恼组成的念珠，达观的人是笑着数完这串念珠的。"而没有遗憾的生活是不存在的，也是人生最大的遗憾。

其次，必须意识到你所遇到的烦恼是生活中难免的。心理补偿是建立在理智基础之上的。人都有七情六欲各种感情，遇到不痛快的事自然不会麻木不仁。没有理智的人喜欢抱屈、发牢骚，到处辩解、诉苦，好像这样就能摆脱痛苦。其实往往是白费时间，现实还是现实。明智的人勇于承认现实，既不幻想挫折和苦恼会突然消失，也不追悔当初该如何如何，而是想到不顺心的事别人也常遇到，并非是老天跟你过不去。这样就会减少心理压力，使自己尽快平静下来，客观地对事情作出分析，总结经验教训，积极寻求解决的办法。

再次，在挫折面前要适当用点"精神胜利法"，即所谓"阿Q精神"，这有助于我们在逆境中进行心理补偿。例如，实验失败了，要想到失败乃是成功之母；若被人误解或诽谤，不妨想想"在骂声中成长"的道理。

最后，在做心理补偿时也要注意，自我宽慰不等于放任自流和为错误辩解。一个真正的达观者，往往是对自己的缺点和错误最无情的批判者，是敢于严格要求自己的进取者，是乐于向自我挑战的人。

你要想整理出一块空地，在把一株尖刺丛生的荆树拔除后，你不会让那块地空荡荡的，你会在原地种上一棵好看的松树，用一物替代另一物。这就是"替换律"的真谛。

人生也是如此，我们可以用美事美物替代丑恶的东西，替换律用在我们的思考上：即驱除肮脏的念头，不仅仅是绝不去想它，而必须让新东西替代它，培养新兴趣，新思想；排除失望，仅仅接受失望是不够的，一个希望失去了，应该用另一个希望来代替；忘记自己忧伤的最有效也是唯一的办法，是用他人的忧伤来代替，分担别人的痛苦时，自己的痛苦也就忘记了。因此，当我们消沉时，最好的解决办法是敞开自己，打破沉默，去做任何可以给我们带来激励的事情，在做其他事情中使我们从受挫折的事情中解脱出来。

一个叫苏珊·麦洛伊的美国青年，在突然被宣判得了癌症时，于康复机会渺茫的消沉之中，决定开始写一本书来激励自己与癌症对抗。作为一个动物爱好者，她选择人与动物作为书的主题。她通过各种方式收集有关动物的故事，这些故事在编成书前，首先使她从中受到感动，受到激励，成为她勇抗癌症恶魔的最大力量。后来，她的《动物真情录》成功出版，成为纽约时报的畅销书。而她在被诊断出癌症10年后，仍然身心健康，甚至比开始治疗前还好。

当你因不愉快的事而情绪不佳时，你不妨试试运用替代律来转移自己的情绪注意力。

1. 积极参加社交活动，培养社交兴趣

人是社会的一员，必须生活在社会群体之中，一个人要逐渐学会理解和关心别人，一旦主动关爱别人的能力提高了，就会感到生活在充满爱的世界里。如果一个人有许多知心朋友，可以取得更多的社会支持；更重要的是可以充分地感受到社会的安全感、信任感和激励感，从而增强生活、学习、工作的信心和力量，最大限度地减少心理的紧张感和危机感。

一个离群索居、孤芳自赏、生活在社会群体之外的人，是不可能获得心理健康的。随着独门独户家庭的增多，使得家庭与社会的交往减少，因此走出家庭，扩大社交，显得更有实际意义。

多利用身边的有利条件。比如，工作中你身为经理可以多找下属征求意见，同事之间也可互相讨论集思广益，最终拿出一个有效可行的方案，执行时大家都有参与感。执行方案因为已纳入所有工作者的智慧，每个人都会感受到自己存在的价值，减少不必要的失落。

2. 多找朋友倾诉，以疏泄郁闷情绪

在日常生活和工作中，难免会遇到令人不愉快和烦闷的事情，如果找个好友诉说苦闷，那么压抑的心境就可能得到缓解或减轻，失衡的心理亦可得以恢复，并且能得到来自朋友的情感支持和理解，可获得新的思考，增强战胜困难的信心。

人还可将不愉快的情绪向自然环境转移，比如，郊游、爬山、游泳或在无人处高声叫喊等。也可积极参加各种活动，尤其是可将自己的情感以艺术的手段表达出来，如去听听歌，跳跳舞，在引吭高歌和轻快旋转的舞步中忘却一切烦恼。

3. 重视家庭生活，营造一个温馨和谐的家

家庭可以说是整个生活的基础，温暖和谐的家是家庭成员快乐的源泉、事业成功的保证。孩子在幸福和睦家庭中成长，也有利于健康人格的发展。

如果夫妻不和、经常吵架，将会极大地破坏家庭气氛，影响夫妻的感情及其心理健康，而且也会使孩子幼小的心灵受到伤害。可以说不和谐的家庭经常制造心灵的不安与污染，对孩子的教育很不利。

理想的健康家庭模式，应该是所有成员都能轻松表达意见，相互讨论和协商，共同处理问题，相互供给情感上的支持，团结一致应付困难。每个人都应注重建立和维持一个和谐健全的家庭。社会可以说是个大家庭，一个人如果能很好地适应家庭中的人际关系，也就可以很好地在社会中生存。

有志者事竟成

生活经历不同，成长环境不同，每个人面对挫折的态度也会有很大的差别。有些人无论遭受什么样的挫折和苦难，仍然能够坚忍不拔，百折不挠，锐意进取；而有些人只要碰到一点点困难，就怨天尤人，垂头丧气，一蹶不振。实践证明，身体强壮、心胸开阔、常处逆境、意识紧张、有理想、有抱负、有修养的人，对挫折的耐受力强；相反，体弱多病、心胸狭窄、娇生惯养、感情脆弱、缺乏雄心壮志的人，对挫折的耐受力则低。对挫折的耐受力虽然与遗传素质有关，但更重要的是来自于后天的教育、修养、实践、经验和锻炼。在现实生活中，每个人都可以通过自觉、有意识的锻炼，去培养提高自己对挫折的耐受力。

有个人由于船翻了，只能靠一块木板漂浮在水上，每天抓活鱼吃、喝海水。由于自己坚强的意志，终于在两个月后被海岸巡逻队发现了，救上了岸。这是个平凡人的传奇故事，他能靠自己的意志和对困难的态度，从而获得了与死亡交战的胜利。与其相反，有些人则对自己没有丝毫的信心，从而使自己事业失败、友情失败……最终使自己遗憾终身。

凡是经历磨难、有修养的人，每逢受到挫折时，大都有一些灵活应变、化险为夷的自助"窍门"。归纳起来，大致有以下几种：

期望法：遇到挫折时，尽量少考虑暂时的得失，多想美好的未来，不断激励自己振作起来，一切都会过去，将来一定会成功。

知足法：在挫折面前，要满足已经达到的目标，对一时难以做到的事情不奢望、不强求，同时多看看周围不如自己境况的人。这样，就容易从烦恼、痛苦中解脱出来，为将来的成功创造良好的心理环境。

补偿法：古人说"失之东隅，收之桑榆"。即在某方面的目标受挫时，不灰心气馁，以另一个可能成功的目标来代替，而不致陷入苦恼、忧伤、悲观、绝望的境地。

升华法：在遭受个人婚恋失败、家庭破裂、财产损失、身患疾病等打击之后，化悲痛为力量，发奋图强，去取得学习、工作和事业的成功，这是应付挫折最积极的态度。

东汉时，耿龠是汉光武帝刘秀手下的一员名将。有一回，刘秀派他去攻打地方豪强张步，战斗非常激烈。后来，耿龠的大腿被一支飞箭射中，他抽出佩剑把箭砍断，又继续战斗。终于大败敌人。

汉光武帝表扬了耿龠。并且感慨地对他说："将军以前在南阳时提出攻打张步、平定山东一带，当初还觉得计划太大，担心难于实现。现在我才知道，有志气的人，事情终归是能成功的。"

我们要坚信，困难和失败都只是暂时的，只要我们能够勇敢地面对，重整旗鼓，勇于拼搏，人生之舟就会战胜惊涛骇浪，驶过激流险滩，到达理想的彼岸。即使是一时的受挫、失败，也终会成为人生之路勇敢的开拓者、事业上的成功者。

学会给自己机会

有一位诗人说过:"人可以没有草原,但不能没有骏马;可以没有骏马,但不能没有希望!"人虽然不一定能让自己过得幸福,但一定要让自己心怀希望:有想写的冲动时,投一篇文章给报社、杂志社;有想唱的欲望时,到卡拉OK给自己开个演唱会;有想画的激情的时候,那么就为自己画一幅画……

如果能够自己为自己制造希望,那么你自然就会发现生活原本是非常美丽的!朋友们,如果你身陷困局,别灰心,给自己希望,也就等于给了自己另一个成功的机会。

在闹市的街口,有一位白发苍苍的老太太,佝偻着腰,挑着两只破烂的筐子。有一个四五岁的小男孩跟着她,看见一张废纸就从地上捡起来,放进老太太背的筐子里,孩子的脸上有一丝笑容,在冰冷的二月里仿佛是一道金黄色的阳光。老太太也会心地笑了,尽管笑里隐藏着一丝哀伤。孩子的笑,也许在他看来仅是一点收获,能够使奶奶的箩筐装得更满一些,这是贡献。而老太太也许是世间的沧桑磨蚀了她的渴望,也许是为自己,更多的是为了小男孩的未来担忧,她的笑容不够灿烂,她生活的信心显得不足,然而她还是瘪着脸微微地一乐对小男孩表示着一点点的鼓励,对他的懂事和对于生活的希望给予高度的奖赏。

生命的清冷与悲凉在白发的老人与无邪幼童当中,生命的青春在那衰老的脚步与天真的笑容中,可能所有的这一切都还会有一点希望。

人只有坚强地活着,充满着希望,才会有希望,年轻就应该有信仰,因为没有理由去悲伤。

人生之路是曲折而又漫长的。有太多太多的烦恼与忧伤，你可能曾经埋头苦干过，挑灯夜读过；你可能踏踏实实，认认真真地工作过；你可能……但你没有得到你所应该拥有的一份回报，你可能换来的是一丝悲痛与绝望。也许你扬帆远航于人生的海洋上，遇到了一场暴风雨，你的小船漂浮不定你不要放弃希望，因为风雨之后，眼前会是鸥翔鱼游的天水一色。也许你迈步挺进在人生的道路上，陷入了一片荆棘地，你的天空顿时布满阴霾。请你不要放弃希望，因为走出荆棘，前面就是铺满鲜花的康庄大道。也许你艰辛地攀登在人生的山峰上，忽然一切天昏地暗，你的眼前迷茫一片。请不要放弃生命当中的任何一丝希望，因为登上山峰，在你的脚底下将是积翠如云的空蒙山色。

扬起希望之帆，做一个不屈的水手、坚强的水手，你身上的所有伤疤都将成为你的勋章与荣耀。人生之路是由失望与希望所串联起来的一条七彩项链，由此，生命才会变得多姿多彩。在生活中，人难免会为陷入困境而感到失望。在失望时萌生希望，就能驱散心中的阴霾，让人从阴影中走出来，因而步入一个崭新的天地，拥抱到湛蓝的天空。失望会让人感到无比压抑、痛苦、备受折磨，而希望却让人振奋、欣喜、跃跃欲试。

失望的人们会因为有希望的存在而不再绝望，而希望之后的失望也会让人萌生新的希望，失望与希望是形影相随的一对双胞胎。愚昧的人站在高山下只会感伤和叹息，而明智的人则会从山下努力地向山顶攀登，从而看到另一片新天地。

很多时候，人通常不是败在失望上面的，而是败在不会在失望中寻找希望。有很多时候，我们只是一味地要求别人对自己应该怎样去做，而不懂得从自己身上寻找。而实际上，人生的道路本身就是由希望和失望堆砌而成，希望连着失望，而失望也紧挨着希望。

有的人说，人生就像一盘棋，而输赢的关键也就只差那么几步。正所谓"一着不慎，全盘皆输"，而决定我们人生输赢的关键一点就是希望或失望。

希望的本质就是一种金属，它之所以如此的宝贵，那是因为它必须在失望当中经过千锤百炼才能够提取到。因此失望并不可怕，可怕的是人不会在失望中提炼希望。

每天给自己一个希望

我们不能控制机遇，然而却能够掌握自己；我们无法预知未来会如何，但是却能够把握住目前；我们不知道自己的生命到底会有多长，但我们却可以安排眼下的生活；我们左右不了变化无常的天气，却可以调整自己的心情。只要我们活着，那么就一定会有希望，只要每天给自己一个希望，那么人生就一定不会失色。

每天给自己一个希望，其实就是给自己一个目标，给自己一点信心。每天给自己一个希望，就会将生活过得生机勃勃，激昂澎湃，哪里还会有时间去叹息去悲哀，将生命浪费在一些无聊的小事上。人的生命是十分有限的，然而对于希望是无限的，只要我们没有忘记每天给自己一个小小的希望，我们就一定能够拥有一个丰富而多彩的人生。

人只要心里面有希望，那么就总会有勇气活下去，生活与希望总是同时存在的，对生活充满希望，就会拥有一个多姿多彩的人生，人都是要和自己人生赛跑的人，都想争取某种成功，因此，途中的几次跌倒几次失败不算什么，不能因此而认为自己永远是卑微的，只要对生活充满希望，尝试着去拼搏，终究有一天，你就会奇迹般地发现：其实我同别人是一样强啊！

人生的道路上有鲜花也有荆棘，有成功自然也有失败，希望与失望相伴而行，不要以为"希望越大，失望就越大"，一个人只要时时刻刻想着希望，总比没有希望好，在这个充满竞争的社会里，我们要学会不断给自己希望，不断给自己鼓舞，不断充实自己，坚持不懈地努力走下去，永远使自己充满成功的希望。

人生之中的每一个年轮都交织着悲愁与喜悦、失败与成功，只有对生活充满着无比希望永不妥协的人，才有可能得到生活的青睐。

面对着平淡的生活，面对每一个平凡而细微的日子，不要失去了对青春的憧憬和梦想，不要迷失在尘世的光影之中。努力地给自己一个寄托精神的希望，给自己点一盏希望之灯！

如今的生活变得愈来愈紧张了，社会中的每一次变革都牵动着人们的脚步，与此同时也绷紧了人们的神经。人们疲惫的神经一时还难以适应这种高节奏的变化。许多人在生活中失去了斗志和向上的精神，为生活所累，为自己所累，变得平庸消沉、人云亦云，甚至从很年轻时就学会了以最无聊的麻木来保护自己。他们埋怨社会的不公平，痛恨人情世故的冷淡，感叹许多应该去珍惜的东西都在悄然之间慢慢地消逝而去，他们失去了真正的自我，在日益变得更加消沉的同时也愈加的脆弱，却还在固执地骂这个世界，骂这个社会，骂一切使自己心烦的人和事。直到有一天蓦然回首才会惊奇地顿悟：其实每天所感叹的正是自己正在失去的，也是自己最应该去珍惜的一些东西。

在人生的很多时候都需要我们默默地去接受忍耐，在生命曲线处于低谷的时候，更不能放弃心中的信念和信心。生命中有许多重要的环节一旦把握不住，就会造成恶性循环，一旦放纵，就会走向彻底的消沉。面对每一天、每一个平凡的现在，有人默默耕耘，几十年如一日，有人长吁短叹、寂寞空虚、度日如年。其实这便是生活，这便是人生，不同的生活，自然就会有不同的人生。

必须要有忧患意识

有句俗话是这样说的,"生于忧患,死于安乐",意思是人在困苦的环境中因为容易激发奋斗的力量,反而容易生存;而在安乐的环境中,因为没有压力,容易懈怠便会为自己带来危难。这一句话也可这么解释:人如果时刻都有忧患意识,不敢懈怠,那么便能生存;如果安于逸乐,今朝有酒今朝醉,那么就有可能自取灭亡。

不管将这句话做何解释,它的基本精神都是一致的,也就是说:"人要有忧患意识!"用现代的流行语言来说,就是要有"危机意识"。

也许你会说,你命好运好,根本不必担心明天,也不必担心有什么横逆;你还会说,"未来"是不可预测的,"是福不是祸,是祸躲不过",既是如此,一切随兴随缘,又何必要有"危机意识"呢?

没错,未来是不可预测的,而人也不是天天都会走好运的,就是因为这样,才要有危机意识,因为在心理上及实际作为上要有所准备,以应付突如其来的变化。如果没有准备,发生意外时不要说应变措施,光是心理受到的冲击就会让你手足无措。而有危机意识,或许不能把问题消除,但却可把损害降低,为自己找到生路。

伊索寓言里有一则这样的故事:有一只野猪对着树干磨它的獠牙,一只狐狸见了,问它为什么不躺下来休息享乐,而且现在也没看到猎人和猎狗。野猪回答说:"等到猎人和猎狗出现时再来磨牙就晚啦!"

这只野猪就有"危机意识"。

那么，人应如何把"危机意识"落实在日常生活中呢？

这可分成两方面来谈。

首先，应落实在心理上，也就是心理要随时有接受、应付突发状况的准备，这是心理准备。心理有准备，到时便不会慌了手脚。

其次是生活中、工作上和人际关系方面要有以下的认识和准备：

——人有旦夕祸福，如果有意外的变化，我的日子将怎么过？要如何解决困难？

——世上没有"永久"的事，万一失业了，怎么办？

——人心会变，万一最信赖的人，包括朋友、伙伴变心了，怎么办？

——万一健康有了问题，怎么办？

其实你要想的"万一"并不只是我说的上面这几样，所有事你都要有"万一……怎么办"的危机意识，且预先做好各种准备。尤其关乎前程与事业，更应该有危机意识，随时把"万一"摆在心里。心里有"万一"，你自然就不会过于高枕无忧。人最怕的就是过安逸的日子，我曾有一位同事，因为过了整整20年平顺的日子，如今工作技术毫无进展，前进后退都无路，而年已五十，又不甘心沦为人人看不起的小角色，后来呢？他还是只能当一个小角色每天混日子。他正是"死于安乐"的最典型的例子。

不知你现在的状况如何，是忧患？还是安乐？忧患不足畏，应担心的是安于安乐而不去忧于忧患。

把困难踩在脚下

一生中，我们也许会碰到无数的困难，面临无数的困境，当困难挡住了我们前行的路的时候，我们会用什么样的心态去面对呢？是避开它，面对它，还是把它踩在脚下呢？有些时候，我们或许被困难吓住了，忍不住想退缩，想放弃，如果是这样，那么你就永远也躲不开困难。倒不如迎难而上，把困难踩在脚下。人的潜力是无穷的，只要你相信自己，藐视困难，你就一定能够走出困境，迎来人生的艳阳天。

俗话说：读万卷书不如行万里路。如果没有在万丈红尘里摸爬滚打，我们永远也不会了解真正的生活。书本上的知识拥有得再多，也需要实际的体验。只有经过实践检验，你才知道"原来我能做到这个地步"，才能增加你的信心，也才能有更多的勇气去面对困难。

生活中的酸甜苦辣很多，只有亲身体验，才能增强认识。这一次的苦难你能够勇敢地挺过去，那么下一次的苦难，你一样能够挺过去。经历过大风大浪的人，会越来越淡定，越来越睿智，也越来越成熟。

人生犹如沏茶一样。温水沏茶，茶叶轻浮水上，怎会散发清香？沸水沏茶，反复几次，茶叶沉沉浮浮，最终释放出四季的风韵：既有春的幽静、夏的炽热，又有秋的丰盈和冬的清冽。世间芸芸众生，何尝不是沉浮的茶叶？那些不经风雨的人，就像温水沏的茶叶，只在生活表面漂浮，根本浸泡不出生命的芳香；而那些栉风沐雨的人，如被沸水冲沏的酽茶，在沧桑岁月里几度沉浮，才有那沁人的清香。人生若茶，我们只是一撮生命的清茶，命运就是那一壶温水或炽热的沸水，茶叶因为沉浮才释放了本身的清香，而生命也只有遭遇一次次挫折和坎坷，才能激发出那一缕缕幽香！

人总会有脆弱的时候，当许多苦难接二连三涌来的时候，我们就会想逃避，想放弃，觉得自己"实在吃不消了"。然而，不管我们怎么逃避，困难始终在那里，不会消失。我们只有勇敢地站起来，把困难踩在脚下，成功才会属于我们。人无论遭受怎样的困难，都不要害怕或担心，要坚信困难只是暂时的，假以时日，它就会过去。如果在困难面前畏首畏尾，只是给自己心中增加阻碍，只会让困难更加困难。但如果改变了自己的心态，藐视困难，迎难而上，你就会知道，原来挡住前途的墙壁，其实并不那么厚。

在重大的苦难面前，一般人都会产生这样一种想法："这件事我无法解决。"其实，这种想法是不对的。只要你有一颗强大的心，那么，就没有什么困难是你战胜不了的。最主要的还是在于你是否能面对困难勇敢地站起来。

你有相当好的经历，你也有丰富、宝贵的才能，你对事业抱有很大的希望，之所以会害怕困难，只是因为你否定了自己，你的消极的情绪阻碍了你的发展前途。所以你非做不可的事，是将你对人生否定的心转变成具有建设性的心。你必须信赖你自己的精神力量、能力、经验。如此一来，你的人生将会得到完全的改观，你会相信在这个世界上并没有落后者的存在。

苦难也有两重性

《菜根谭》中说："横逆困穷，是锻炼豪杰的一副炉锤，能受其锻炼者则身心交益；不受锻炼者则身心交损。"这说明，人们驾驭生活的技巧和主宰生活的能力，是从现实生活中磨砺出来的。

和世间任何事件一样，困境也具有两重性。一方面它是障碍，要排除它必须花费更多的精力和时间；另一方面它又是一种养料，在解决它的过程中能使人得到锻炼和提高。我国古人对此早就有所认识，所以有"生于忧患，死于安乐"的说法。

《人人都能成功》的作者拿破仑·希尔很喜欢讲一个有关他祖父的故事。

他的祖父过去是北卡罗来纳州的马车制造师傅。这位老人在清理耕种的土地时，总会在田地的中央留下几株橡树，它们不像森林中其他的树一样有良好的庇荫及养分。而他的祖父就用这些树制造马车的车轮。正因为这些树要在强风烈日下百般挣扎，才能对抗大自然狂风暴雨的考验，成长茁壮，所以，它们足以承受最沉重的负荷。

困境同样可以强化人们的意志。大多数的人们希望一生平坦顺利，然而，未经困境考验，往往会庸庸碌碌过一生。

美国犹他州的艾特·博格曾是一位体育健将，有着远大前程。但是，在他20岁那年的圣诞之夜，因为在去未婚妻家的路上遭遇一场车祸而全身瘫痪。医生告诉他，他不但不能再驾车了，余生还得完全依靠他人喂食、穿衣和行走，而且最好也不要提结婚的事了。

他感到世界黑暗，既担心又害怕。但是，他的母亲给予了及时的鼓励和帮助，说："艾特，当困苦姗姗而来时，超越它会使生活更余味悠长。"母亲的话使那间黑暗恐怖的病房被希望和热诚的光芒所充满。

他不再只盯着没有知觉的四肢，而是开始考虑现在他可以做什么。

他首先学会了在新的条件下驾车，自理自己的生活，他又可以到想到的地方干想干的事了。在这个过程中，奇迹发生了：他能重新活动右臂了。遭车祸一年半后，他仍然和她美丽的未婚妻结了婚。之后的1992年，他的妻子黛丽丝当选犹他州小姐，又参评了美国小姐，获得季军。他们还有了一双儿女，女儿瑞纳和儿子亚瑟。生活的欢乐不断鼓舞着他向一个又一个人生课题挑战。他学会了独臂游泳、潜水，甚至成为第一个参加滑翔跳伞的四肢瘫痪者。

1994年美国的《成功》杂志推举他为该年度最伟大的身残志坚者。回顾一切，他说："为什么我能有所成就，因为多年来，我一直铭记母亲的话语，而不是听信周围人等（包括医学专家）的丧气之辞。我深知我的境遇并不意味着可以轻易放弃梦想。我的心头再次燃起希望之火。……因为当困苦姗姗而来之时，超越它们会更余味悠长。"

对自己说"不要紧"

人们可以一边面临人生的重大困境，一边在衣襟上插上一朵花，洋洋得意地走在大街上。

——这就是成功者的人生思想、人生姿态。

一位大学政治课教授对他的学生说："我有三字箴言要奉送给各位，它对你们的学习和生活肯定会大有帮助，而且这是一个可使人心境平和的妙方，这三个字就是：不要紧。"

经常对自己说"不要紧"，这种心理调节方法实际上是建立在一个很深刻的哲学思考上的，即：我们的生命是什么。对这个问题的回答决定着我们对生活价值的判断，当然也就决定着我们生活的心态。有的人把生命看作是占有，占有金钱，占有权力，占有财富，占有名利，占有……这样的生命，总是把人生的意义定在一个点上。当这个点的目标实现后，就开始追逐下一个点。这样的人生中，人本身只是一个不断地追逐新目标的工具，而不是享受生活本身。所以，这种人总是被忙碌、焦虑、紧张所充斥，争名夺利患得患失，总不能放松地享受一下生命的美好。而有的人则把生命看作是上天给予的礼物，是一个打开、欣赏和分享这个礼物的过程。因此，这样的人坚信生命本身也是快乐也是爱，无论处在什么样的环境中，即使是非常恶劣的环境中，他们也能泰然处之，就像是在迪斯尼乐园中那样，兴趣盎然地去寻找、发现、享受生命中的每一个乐趣。对于这样的人来说，重要的不是去拥有什么，因为他们知道，他们已经拥有的一切对他们的人生并没有什么意义；重要的是他们应该如何去生活，是不是真的享有了自己的生命。

美国心理学专家理查·卡尔森博士就是看到了对待生命不同的态度，建议人们"多去想想你已拥有了什么，而不是你想要什么"。他说："做了十几年的心理顾问，我所见过的最普通、最具毁灭性的倾向，就是把焦点放在我们想要什么，而并非我们拥有什么。不论在物质上我们多富有，在做人上似乎没有差别，但我们还是不断扩充着我们的欲望购物单，确保我们难以满足的欲望。你的心理机制说：'当某项欲望得到满足时，我就会快乐起来。'可是，一旦这种欲望得到满足之后，欲壑难填的心理作用却又在不断地重复。如果我们得不到自己想要的某一件东西，就会不断去想我们为什么没有，仍然会感到不满足。如果我们如愿以偿得到了我们想要的东西，就会在新的环境中重复我们的想法。所以，很多时候，尽管我们如愿以偿了，我们还是不会快乐。"

卡尔森博士针对这个问题提出了他的解决办法："幸好，还有一个方法可以得到快乐。那就是将我们的想法从我们想要什么，转变为我们已拥有什么。不要奢望你的另一半会换人，相反的，多去想想她的优点；不要抱怨你的薪水太低，要心存感激你有一份工作可做；不要期望去夏威夷度假，多想想自家附近有多好玩。可能性是无穷无尽的！当你把焦点放在你已拥有什么，而非你想要什么时，你反而会得到更多。如果你把焦点放在另一半的优点上，她就会变得更可爱。如果你对自己工作心存感激，而非怨声载道，你的工作表现会更好，更有效率，也就有可能会获得加薪的机会。如果你享受了在自家附近的娱乐，不要等到去夏威夷再享乐，你也许会得到更多的乐趣。由于你已经养成自娱的习惯。因此，尽管你真的没有机会去夏威夷，但你也已经拥有美好的人生了。"

最后，卡尔森博士建议："给自己写一张纸条，开始多想想你已经拥有什么，少想你要什么。如果你能这么做，你的人生就会开始变得比以前更好。或许这是你这辈子第一次知道真正的满足是什么意思。"

说"不要紧"，不是要使自己变得麻木不仁，对困境无动于衷，而是要使自己变得更敏锐、更智慧，更会从挫折或困境中看到生命的快乐，让自己在逆境中看到美好，享受到爱。

在困境中成长

一个人如果从小就生在一个"温室"的环境中，不经受风雨的磨炼，很难成为一个有作为的人才。一个青年在参加工作以后事事都很顺利，从来没有遇到什么大的困难，他的成长就会较慢，因为他一遇到风浪袭击就会不知所措，以致遭到失败。

所以说，在工作和生活中，一切顺遂如意，一点风雨不存在的，不一定是好事。这可能预示着他的进步和发展已处在停顿不前的境地。

在现实生活中有很多这样的人，在舒舒服服平淡无奇的生活中消磨着时光，而终于一事无成，耗尽终生。相反，那些有作为、发展提高很快的人都是些不甘寂寞、勇于在风雨中锻炼的人。他们投身到困难重重、甚至吃不饱穿不暖的境地，在与风雨搏斗中得到成长。所以有人说："困难是最佳的教科书与老师。"

"好事多磨"，这最通俗的大实话，说透了深刻的道理，渗透了人生成功的真谛。大凡伟大的事业都是在艰巨的磨难中完成的。一个人生活太优裕，道路太顺畅，未经磨难，未经人生路上的摸爬滚打，一旦遭到坎坷和挫折，往往会一筹莫展，驻足不前，甚至长期地沉落在苦闷之中。

有一个人，原在一个效益比较好的单位任职。终于有一天，市场经济的大潮将他所在单位这艘大船撞翻，他本人也被抛在岸上"晒"了起来。他父亲一位朋友却恭喜他说："你遇到了挫折，这真是有幸，因为你还年轻。"还有一位大学毕业生，因未拿到工作录取通知而生了郁闷病，本来准备录用他的公司闻知庆幸："幸好我们没有发通知，因为他经不起打击。"

恰如温室里的花朵一般，未曾经风雨见世面，未曾形成独立自主的能力，也没有任何承受折磨的心理准备和经验积累就会受不了打击。

而一个历尽沧桑、饱经风霜的人则不同，他是在磨难和挫折里长大和成熟起来的，他已经具备了应付挫折的心理承受能力和驾驭生活的能力，面对人生事业中的大小磨难，他无所畏惧，勇往直前，能凭着坚强不屈的意志，战胜挫折，取得了事业的成功和人生的幸福。

第二章

在独处中成就自己

独处是一种与自己内心交往的契机与能力，能够让人从纷纷扰扰的人事中抽身而出，凝视自己的内心，聆听自己的声音，能够让人正视自我，不逃避、不急躁，平和地体验与理解自我。

古来圣贤皆寂寞

历史上的不少伟人其实都是孤独的。

卢梭在孤独中完成了自己的忏悔与救赎，然后他建立了自己的思想高台。他写下了《一个孤独者的思想散步》，其实他本就是孤独的，有几个人能懂他的内心呢？

一代哲学大师康德，他的闪光思想出于对头顶灿烂星空和心中神圣的道德法则的敬畏，他在冥思苦想中度过他孤独的一生。

独处是一种能力。他们能够做到慎独。这种孤独不是离群索居，而是一种能够使自己安静、升华的东西，使自己在纷扰的世间做到从容不迫、游刃有余，用简单面对复杂，在喧嚣的城市里中保持一份恬静安然，甚至在不公平面前和突如其来的厄运中能够自我调节，不怕人生的转弯，纵使身处低谷也不放弃飞翔。

人际交往作为人的一种基本活动补偿着个体的不足。人的个体意味着有限的存在，只有通过交往这种个人与社会之间独特的代谢作用才能建立起广泛的社会联系，才能超越个人的有限存在，确立自己并成为一个完整的人。

人是社会中的人，谁也不能脱离社会独自存在。人会在自己成长的过程中形成社会意识和群体意识。但是这种群体意识并非就否认孤独。

每一个独立的个体，因为成长环境的不同而形成自己与众不同的观念和品味，以及不同的世界观、价值观和人生追求。这些不同的心灵壁垒没有必要也不可能被真正打破。君子和而不同，人需要保持自己的独立性和独特性。

著名的雕塑《思想者》作者罗丹也是孤独的。正是在孤独痛苦的思想中，让作品显示了充满内涵的美。

一位因为找不到工作而处境艰难的音乐家，写信给爱因斯坦，向他表达自己对生活感到的悲观绝望。爱因斯坦在给他的回信中说："千万记住，所有那些性情高尚的人都是孤独的。正因为如此，他们才能享受自身环境中那种一尘不染的纯洁。"

海伦·凯勒双目失明、两耳失聪，寂寞孤单中她酸楚过、绝望过，但是坚定的信念、顽强的毅力使她最终战胜了自己。她在自传中写道："寂寞孤独感浸透我的灵魂，但坚定的信念使我获得了快乐。我要把别人眼睛所看见的光明当作我的太阳，别人耳朵所听见的音乐当作我的交响乐，别人嘴角的微笑当作我的微笑。"

苏东坡是孤独的，他一再地被贬职，人生抱负难以实现，心里不是不凄凉，但他那"谁怕，一蓑烟雨任平生"的潇洒，告诉人们自己对生活有深刻的理解。

陶渊明是孤独的，他的"不为五斗米折腰"的高洁，以及安于田园生活的恬淡的背后，是不对官场尔虞我诈的虚假逢迎，他愿意与菊花做伴、"壶中日月长"了。

有时候我们也会羡慕那些八面玲珑的人，他们总是三个一群五个一伙，好像永远有聊不完的话题。相当一部分人也试图做那样玲珑的人，因而不断地努力去迎合别人。但是，如果你还是个有追求的人，你就会日益感到，没有追随自己的内心，你无法真正快乐。而当你沉浸在自己喜欢做的事情里，你就根本不会感到寂寞孤独，你会因为充实感与小小的成就感，而对生命和世界有更多更美好的感悟，距离你的梦想更近一些。

丰富和提高自己，永远比取悦别人重要得多。孤独能够帮助人们抵制外界的诱惑，使人们正视自己。体味孤独的时候，也正是超越自我、实现人生的价值的时候。

看看文学艺术史上，很多精美绝伦的艺术作品的诞生，不都是那些孤独的灵魂孕育出来的吗？

耳聋中创作了世界名曲的贝多芬，悲苦中死去的凡高，都是独具风骨的人中之杰，他们的生命最强烈的体验了孤独的滋味。凡高活着的时候不被人理解、甚至被当作精神病患者，但画布上跳动的是他始终炽热的灵魂。正是孤独的灵魂，带给人们许多杰作，也正是这种痛苦的孤独，成就了他的人生高度。

孤独并非全是悲苦。看看伟大人物的生命历程，他们当时并没有觉得自己的孤独是一种苦，因为他们在孤独中有了对生活最深刻的领悟，获得了最闪光的灵感，成就了他们无与伦比的辉煌人生。这种孤独给他们的人格赋予了一种美，一种厚度，一种力量，这种美和力量或悲壮、或深邃。

孤独是一种内心的安静。在这样的安静中，才能找出自己认知上的错误，进行深刻的反省，找准正确的方向。

不是每一个人都能够强烈地体会到伟人的这种孤独。当这种孤独感成为你在追求人生价值路上的一种亲身体验的时候，你就离成功不远了。这种孤独充满着怡然与自信。自信就会从容，从容就会潇洒，潇洒就会漂亮、精彩。

每个人因为独特的认知与情感，会形成和培养出自己独特的思想观念和价值理念。千人千面，每一个个体都注定与众不同，然而也不是每一个这样的与众不同都能有所成就，只有那些有追求的人，有着明确目标与坚韧不拔毅力的人，才能够忍受孤独，并能够在孤独中不断超越自我。这样的孤独，实在不是常人能够忍受的，那是一个艰难而痛苦的过程。小蚂蚁才成群结队，猛兽都是独行。关键是，你要知道想做什么，能做什么，以及怎样去做。

耐得住寂寞，受得了孤独，是一个人走过黑暗与痛苦、走向成功的必经之路。

有一颗能忍受孤独的心，才能不断超越和成就自己。当人们在孤独中战胜自己的时候，就体会到了人生最美好的东西。这种超越，正是孤独的壮美价值的体现。

独处有很多好处

在这纷扰喧嚣的世界，有时需要有自己独处的空间。

独处是一种处世的态度，是一种身心的自我调整，更是一种独立人格的体现。

你可以漫步到水边，伫立在无声的空旷中，感受一份清灵。让心灵远离尘嚣纷乱的世界，默默地体验花香，聆听鸟鸣。欣赏自然带给你的乐趣，静静地沉浸在自己的遐想中，不要谁来做伴，只有自己，而在这时你是最真实的。抬头仰望天边云卷云舒，让心儿随着自己无边的思绪飘飞。此时，这个世界属于你，你也拥有了整个世界。

你可以捧一品香茗，在氤氲的缭绕中慵懒地翻阅一本好书。让自己在这份难得的宁静中，去书中解读关于生活，关于情感的文字。此刻，独处成为一个空灵的竹箫，悄悄地流淌着轻柔的曲调。也许你会被书中的人物打动，静静的流泪，此时的你卸掉了生活的面具，返璞归真，不带任何伪饰的成分，抑或是微笑，这笑也是甜甜的，是你久蓄于心的一份无法表达的秘密。

你可以播放轻缓的温柔的小夜曲，静静地躺在床上，什么都不想，只让自己沉浸在难得的营造出的氛围里，身心此刻回归本真，默默地享受音乐带给你的心灵栖息，听音乐诠释对浪漫的渴求。

你可以背上简单的行囊，到向往已久的地方去。不要与谁为伴，就自己一个人的旅程，可以天马行空，自在逍遥。也许你会如孩童般的滚过一片青青的草地，找寻回儿时的天真与顽皮。也许你会大喊一声，打破这宁静的时刻，让孤独的内心得到释放的快乐。成长本身就是一种疼痛，成为一次自己真不容易，就让这独处的时光做回真正的自己，在陌生的地方，没人认识你，让这阳光完完全全的照亮你那些想喊没有喊出的日子吧。

总之，无论生活多么繁重，我们都应在尘世的喧嚣中，找到那份不可多得的静谧，在疲惫中给自己心灵一点小憩，让自己属于自己，让自己解剖自己，让自己鼓励自己，让自己做回自己……

这是一位都市白领的日记——

我曾经偏爱热闹，害怕独处。因为身处人来车往的热闹之中总让我有一种莫名的充实。然而，随着年龄的增长和环境的改变，我发现那种热闹越来越占据了我的眼睛，反而让我怀念起了童年独处的时光。于是，在假日中，我腾出了一个下午来重温独处的自由。

在喧闹、忙碌的人群中走了很久，一个下午所换来的寂静，让我有了久违的舒适。在某种意义上，这可能是在浪费时间，可当我度过这个下午时，我发现心情好像被净化了。已经持续了许久的麻木也被扫清。这个独处的下午并没有想象中的那么孤寂、漫长，反而给了我一种安心的幸福。

是的，当你感到疲倦时，当你的心态过于浮躁时，当你在茫茫人海中迷路时，给自己一点独处的时间吧，它会帮你净化心灵……当你走出疲倦，走出浮躁，找到归路，你会发现：独处真好。

第一，长期处于人与人之间复杂的公关、交往沟通、协调、磨合、疏导等关系中，独处是一种有益的调剂。它可以使自己紧张的神经松弛下来，可以让自己暂时进入一种安静清新的生存空间。就像交响乐经过热烈激昂的高潮后一下转入悠扬抒情的曲调一样，顿时让人产生一种夏天吃冰激凌的感觉：凉爽，甜美。

第二，从心理学的观点看，人之需要独处，是为了进行内在的整合。所谓整合，就是把新的经验放到内在记忆中的某个恰当位置上。唯有经过整合的过程，外来的印象才能被自我所消化，自我也才能成为一个既独立又成长着的系统。当一个人静下心来的时候，可以从容地梳理自己近日之所为，总结工作中的成败，生活中的得失，品尝成功的愉悦，化解失败的苦痛，考虑今后的打算。所以，有无独处的能力，关系到一个人能否真正形成一个相对自足的内心世界，而这又会进而影响到他与外部世界的关系。

第三，独处是一种超脱。独处是一种养心养神，有趣不费钱，随心所欲极易实施的生活方式。

需要学会独处

也许你喜欢和一些朋友聚在一起,也许你喜欢在电话中聊上半天,或探问人家的私事,或在别人忙的时候坚持要去看他,或在团体里太注意自己,好像怕别人会看不见你或忘记你似的。你可能会要求别人帮你做一点小事,以确定别人真的喜欢你。很多人都这么做,结果却愈来愈不喜欢自己,别人也觉得你不成熟,无法自处,你幼稚。

也许你已经习惯了喧闹的生活,所以一旦周围安静下来,不再有别人的时候,你会觉得不自然起来。很多人认定自己绝对不能孤单。他们每一次尽量让自己避免孤单的时候,都让自己再度感受到恐惧的侵袭。恐惧什么呢?就像有人说的:"我单独一个人的时候,简直觉得自己一无可取。"

可是,如果你有享受独处的能力,那么,无论什么时候,你找朋友的意图将完全出之于真心,而非软弱。比如,你打电话给朋友约他吃晚饭,只因为你想看他,而不是因为你无法忍受一个人单独吃饭。这时,你的朋友会觉得你真心地喜欢他、看重他,而不是只想依赖他。你将变得更可爱——对那些想找个真心朋友,而不是找个比他更脆弱的朋友的人而言。

假如你已经习惯和别人待在一起的话,刚开始练习一个人独处时可能会使你觉得不舒服。如果你觉得不愉快的话,就探测自己的感觉。你为什么一直盼望电话铃响呢?你是否担心自己和某人的关系?你是不是厌烦自己?如果这样的话,你可以找点事做做——和你关心的朋友聊聊天,或开始实行一项有创造性的计划——以克服独处时的恐惧。但不要觉得独处的时候,一定得做点有"建议性"的事情,才能掩饰单独一人的怪异行为。如果你愿意给自己一点机会——譬如一个月里找一两个下午独处，你将更能享受独处的乐趣。

然而，在现实生活中，不少人却害怕寂寞，而借着喧闹来躲避它，其实，寂寞不是别人强加给你的，是你内心的一种心灵感受。当你想要躲避它时，表示你已经深深感受到它的存在。而越是躲避，感受就越深，越是躲避，也就越是寂寞。再往深了说，寂寞是无时不在你的身边，喧闹并不能够使你赶走寂寞，而只能是使你一时忘记寂寞的存在而已。而要真正长久地"战胜"寂寞，就不要采取抗拒的态度，而是要把寂寞当成自己的朋友。要善于享受独处的时刻，寂寞并不可怕，它就像一个沉默寡言的朋友，虽然不会对你谆谆诱导，但会引领你认清生活的本质及生命的原貌。

在独处的时候，你会更加清晰地看到自己的内心世界。如果你想深入地了解自己、关爱自己，就请多给自己一些独处的时刻吧！

不必为孤独沮丧

在人的一生中，谁都会有孤独的时候，一个人守在无风的心灵窗前，托腮凝思，总会滋生孤独和无奈。童年的梦幻早已失去，年少的痴迷也只能依稀在梦里，青春的浪漫流逝在一天天远去的岁月里……孤独不是孤单，孤单，是一颗渴望理解的心灵寻求理解而又不能得到所造成的，使人在需要支持和沟通时独立无援。而真正的孤独，是一种至高至美的境界，是人生无比充实的一种情感，是精神世界一块快乐的净土。

关于"孤独"的解释有很多，但不需要接受任何人的认同，更加不需要任何人的怜悯的独行是较对的说法。

孤独是一种状态，是一种圆融的状态，真正的孤独是高贵的，孤独者都是思想者，当一个人孤独的时候，他的思想是自由的，他面对的是真正的自己，孤独者，不管处于什么样的环境，他都能让自己安静、自得其乐。

孤独有时候也是一种财富，人只有在孤独时，才会变得理智。当然，真正的孤独不是温饱后的无病呻吟，孤独是灵魂的放射，理性的落寞，也是思想的高度、人生的境界。它没有声音却有思想，没有外延却有内涵，是一种深刻的诠释，是一种不能替代的美丽。

我们经常会有这样的经历，融入喧嚣，就难逃纷扰，经常身心疲惫、憔悴不堪。为功名利禄明争暗斗，为爱恨情仇恶性角逐……殊不知，让自己独处方能善待好自己。

诚然，一个人在独处时，才有时间思考，静思时，才有机会感悟。能专心，方能深入。能耐住寂寞、忍受孤独，才会有奇迹的诞生。那些超前的理论学说，往往都在长久煎熬后，方被后人体悟和理解。很多科学发明，也经历了痛苦挣扎，才被人们认可和推广。

作家赵鑫珊说，"不会享受孤独，就不会享受人生。"是的，学会忙里偷闲、闹中取静，才能享受孤独的时光，默默感悟失去和得到，回味遗憾和美好。挤一点时间，品一杯香茗，做一次思考，那是何等的惬意？能从忙碌中解脱劳顿，能在静夜里独对心灵，能在晨曦时思考未来，那是一种无法表达的玄妙。暗夜里，独守一盏心灯，凝望苍凉无垠的夜色，便没了痛苦，没了压抑，静静地品味着那份空旷开阔和寂静清远的孤独。漫步于自我的心灵旅途，就把平日里那颗焦躁的心融入了如水的宁静，在追忆和反思中淡品人生，在夜的最深处，触摸飞舞的灵魂，让虚无变得富有，这是怎样的一种享受呀！

"越是孤独越清醒。"是一种超凡脱俗、安然从容，是不屈不卑，是悠然自得，是云淡风轻。

总之，不要盲目地去扎人堆、不假思索地随大流、凑热闹，学会孤独，会让你从一个独立的空间发现契机和弊端。因此，当孤独常光顾你的时候，不要沮丧，因为它会让你的生活变得更加丰富多彩。

最难做到的是心静

有这样一位富有的地主，他在巡视谷仓时，不慎将一只名贵的手表遗失在谷仓里，他因遍寻不获，便定下赏金，让农场上的小孩帮忙寻找，谁能找到手表，奖金五十美元。众小孩在重赏之下，无不卖力搜寻，奈何谷仓内都是散置成堆的谷粒及稻草，大家忙到太阳下山仍一无所获，结果一个接着一个都放弃了。只有一个贫穷小孩，为了那笔巨额赏金，仍不死心地寻找。当天色渐黑，众人离开，人声杂沓静下来之后，他突然听到一个奇特的声音。那声音"滴答、滴答"不停响着，小孩立刻停下所有动作，谷仓内更安静了，滴答声也响得更为清晰。小孩顺着滴答声，找到了那只名贵手表，如愿以偿地得到了五十美元。

平静能够让人们有所发现，平静能像镜子一样反照万物，静观自得，人们的心不平静，就会在心里杂念纷飞。当烦恼丛生、思绪飘忽不定的时候，就不会感到内心的快乐？

湖水平静的时候，能够映照万物，山峰、人物、花鸟走兽，无不晶莹剔透。只要有一点风，湖水便会波动浑浊，什么都照不见了。湖水如此，人的精神就更是如此了。古人说，心安则静，心乱则躁。人的心静了，才能神情安宁，思想明澈；反之，则心神不宁，心思杂乱，会使人失去平静，烦躁、易怒和伤神。心静如水，才能性格开朗，情绪稳定。静心安神，是健康长寿的妙诀，也是预防疾病的关键。心神不宁，精神抑郁，悲喜过度，都会导致生理和心理上的疲惫，使人处于病态，未老先衰。

有个故事，令人深思——

国王提供了一份奖金，希望有画家能画出最平静的画。许多画家都来尝试，国王看完所有画，只有两幅最为他所喜爱，他决定从中作出选择。

一幅画是一个平静的湖，湖面如镜，倒映出周围的群山，上面点缀着如絮的白云。大凡看到此画的人都同意这是描绘平静的最佳图画。

另一幅画也有山，但都是崎岖和光秃的山，上面是愤怒的天空，下着大雨，雷电交加。山边翻腾着一道涌起泡沫的瀑布，看来一点都不平静。

但当国王靠近一看时，他看见瀑布后面有一细小的树丛，其中有一母鸟筑成的巢。在那里，在怒奔的水流中间，母鸟坐在它的巢里十分的平静。

你想哪幅画最后获得奖赏呢？国王选择了后者，你知道为什么吗？

"因为，"国王解释道，"平静并不等于一个完全没有困难和辛劳的地方，而是在那一切的纷乱中间，心中仍然平静，这才是平静的真正意义。"

你如果拥有一颗宁静的心灵，就可以比较超脱地看待一切，就能够平心静气地享受生活。当你感觉到心绪很乱的时候，你有没有试过安静地坐着，让自己的心有如止水般的宁静感觉？这时，你能否听见内心真正的声音，你会清楚观察到所有的情绪，分辨出那些对你有害、那些让你痛苦和那些给你困扰的问题吗；当你沉静下来，你能否看见所有干扰你清晰思考、蒙蔽你真实情感、阻碍你找到答案的问题所在吗。现实中，大多数人无法清理杂念，想法总是一个接一个，所以，如影随形，挥之不去。

如果你想要清理这些杂念，就一定要想办法保持平静。具有这种想法的人，成功的时候他能很快进入安静状态，失败的时候他能很快进入超然状态。当大家对某一种现象热热闹闹群起仿效的时候，超然物外的一颗宁静的心灵已发出了胜利的微笑。就是在那个时候，赶热闹者已注定了他们的失败，宁静者已奠定了他们的成功。

宁静也是一种人生享受，特别是独自坐下来的时候。禅宗有句话："静坐无所为，春来草自青。"很多事情只要顺其自然，保持心静，就会看到自己真实的内心世界。你所得到的，必是对这个世界和对你自己的无尽之爱。

不要理会别人的风凉话

不要理会那些说风凉话的人——这句话出自美国花旗集团首席财务官莎莉·库朗契克之口。作为全球商界赫赫有名的女强人，莎莉·库朗契克对成功有着独特的感悟。

莎莉·库朗契克说自己孩童时期是"那种小孩"：满脸雀斑、戴牙套，而且还是"四眼田鸡"。她若不是少年棒球队的最后人选，也一定是倒数第二。在莎莉的记忆中，有太多的伤心往事，例如有一次她终于打到球，兴奋地奔向一垒，半途眼镜掉了，必须折回去捡眼镜，否则将看不清路线。周围的同学肆意地大笑着，莎莉终于控制不住自己而哭了起来。

试图取得同学认可的莎莉，所有的努力似乎都没有用。为此，莎莉的情绪极度消沉。从那次棒球事件后，她的成绩从 A 退步到 C。莎莉的妈妈知道莎莉的心事后，用和大人讲话的口吻对她说：不要理会那些取笑你的女孩，她们专门说风凉话，站在旁边批评勇于尝试的人。莎莉相信她妈妈的话，从此，再也不让说风凉话的人干扰她的意志。

汤姆·克鲁斯在出演《壮志凌云》之前，只能在好莱坞扮演一些小角色，有时甚至连一分钱片酬都没有。那些导演拒绝他的理由是：不够英俊、皮肤太黑了、演技太幼稚等。他们用这些看似非常有说服力的理由，断定汤姆·克鲁斯永远也成不了明星。然而，这些话在今天都变成了笑话。

有一则寓言，说的是一群动物举办了一场攀爬埃菲尔铁塔的比赛，看谁先爬上塔顶谁就获胜。很多善于攀爬的动物参加了比赛，更多的动物围着铁塔看比赛。作为比赛的裁判，老鹰早早地飞上塔顶。比赛开始了，所有的动物没有谁相信参赛的动物能够到达塔顶，它们都在议论："这太难了！它们肯定到不了塔顶！"听到这些话，一只又一只的参赛动物开始泄气了，除了那情绪高涨的几只还在往上爬。观赛的动物继续喊着："这个塔太高了！没有谁能爬上顶的，越来越多的参赛动物退出了比赛，最后只有一只蜗牛还在爬。

最后，那只蜗牛费了很长的时间，终于成为唯一到达塔顶的胜利者。夺冠的蜗牛下来后，得到了很多的掌声。有一只小猴子跑上前去，问蜗牛哪来那么大的毅力爬完全程。谁知蜗牛一问三不答——原来，这只蜗牛耳朵聋了。

这个寓言要表达的意思是：不要轻易让别人的指指点点妨碍了自己前进的脚步。美国人巴士卡利亚小的时候，人们常常告诫他，一旦选错行，梦想就不会成真，并告诉他，他永远不可能上大学，劝他把眼光放在比较实际的目标上。但是，他没有放弃自己的梦想，不但上了大学，还拿到了博士学位。当他决定放弃已有的一份优越的工作去环游世界时，周围的人都说他最终会为此后悔，并且拿不到终身教职，但是，他还是上了路。结果，回来后他不但找到了一份更好的工作，还拿到了终身教职。当他在南加州大学开办"爱的课程"时，人们警告他，他会被当作疯子。但是，他觉得这门课很重要，还是开了。结果，这门课改变了他的人生。他不但在大学中教"爱的课程"，还到广播电台和电视台中举"办爱的讲座"，受到美国公众的欢迎，成为家喻户晓的爱的使者。他说："每件值得做的事都需要冒险。怕输就错失冒险的意义。冒险当然会有带来痛苦的可能，可是从来不会去冒险的空虚感更痛苦。"

其实，我们谁也不知道别人的能力限度到底有多大，尤其是当他们怀有激情和理想，并且能够在困难和障碍面前不屈不挠时，他们的能力限度将很难预料。

"不要让那些总爱唱反调的人破坏了你的理想。"莎莉指出，"这世界上爱唱反调的人真是太多了，他们随时随地都可能列举出千条理由，说你的理想不可能实现。你一定要坚定自己的立场，相信自己的能力，努力实现自己的理想。"

当讥讽扑面而来

和周星驰一样，当年寂寂无闻的成龙，不得不低声下气地去为自己争取更好的机会。在谦卑做人与勤恳做事时，还是难免收到讥讽与嘲弄。

一粒种子是没那么容易长大成材的。在你还孱弱时，无数大脚会有意无意将你践踏在践踏。就像俞敏洪所说的："人们可以踩过你，但是人们不会因为你的痛苦而产生痛苦；人们不会因为你被踩了而来怜悯你。因为人们本身就没有看到你。"也许你会很不服气：为什么要践踏我啊，我是树啊，我是明天的栋梁之材啊。对不起，在你没有长大时，没有人来倾听你、相信你。

成龙在龙套中一跑就是很多年，他没有任何说话的权利，总之就是导演叫你做什么，你一定要做什么。有一次，在他拍摄一部古装武侠戏的时候，戏里边剧情要求有三个女人都喜欢他。但是当时担任主角的一位著名女演员，坐在一边跟导演讲风凉话，说："我怎么会喜欢他？大鼻子、小眼睛，多让人讨厌啊……"一听到这话，成龙的心很受伤，但外表还要装作若无其事的讨好模样，不停地鞠躬，一定等着她站起来先走，自己退后让路后走，一副谦恭的样子。

后来，成龙出了一点小名气。他开始动起了心机：他想要著名的武侠作家古龙给自己量身定做一个剧本。当时，古龙的武侠小说非常受大家欢迎，有了他的剧本基本上就是票房保证。古龙是邵氏片场里的常客，成龙为了"讨好"古龙，每天都要陪古龙喝酒。成龙坐在古龙身边，左一句"古大侠"，右一句"古大侠"，酒倒是喝得皆大欢喜。等一场又一场的酒喝过后，成龙从别人口里得知古龙说："我怎么会给他写这个剧本，我要写，也得找个好看点的啊！"成龙听了，当即躲进了洗手间，七尺男儿终于再也无法控制住自己的感情，哭成了泪人。

小人物从来都是不起眼的，就算你有经世之才——但又有几个伯乐呢？所以，你的梦想与追求，在有些人眼里与"癞蛤蟆想吃天鹅肉"差不多，是不自量力，痴人说梦。总会有人来打击你。一个打击你，或许没有什么；十个人打击你，你就会有点动摇了；一百个人打击你呢？

别人劝阻或讥笑你的寻梦，也并非想害你，他们有时是无意甚至是善意。"相信我，你走的那条路行不通，别浪费自己的精力了。"他们会这么说。

谁更能够经得他人的负面评价，并且厚着脸皮不断请求直到目的达到呢？这些成功的百万富翁就能做到，他们总是抵制那些说他们的未来计划不会有成效的批评者，对他们来说，找到一个明智而开通的合作者只是时间和努力的问题。

身残志坚的歌手郑智化在《水手》唱到——"在受人欺负的时候，总是听到水手说，他说风雨中，这点痛，算什么！擦干泪，不要怕，至少我们还有梦！"

有时候你必须等待

在互联网的江湖上，张树新以"先烈"而著名。早在 1995 年，这个中国互联网的先驱就上路了。在次年，她与合伙人创办的瀛海威因为一批新股东的加入，注册资本陡增为 8000 万元人民币。一时之间，瀛海威声名大振。1998 年，张树新黯然地离开了瀛海威。2004 年年底，瀛海威被北京市工商局注销。在迷雾中一路领跑的先驱终于变成了先烈，而后来的跟进者终于有了借鉴的案例，得以少走弯路。因此，张树新曾感慨："我们进入得太早了，太早进入市场的风险在于大幅增加了运作成本，以至于迎来了黎明却无力在黎明中成长。"

现在我们再来看李彦宏。他从 1995 年开始，在美国硅谷工作。后萌发了回国创业的念头，为此他每年都坚持回国考察。但一直没有贸然采取行动，他解释说，是因为"感到中国还不需要搜索这个技术，大家都在做概念"。

李彦宏在等机会。直到 1999 年年底，李彦宏认定环境成熟，到了该参战的时候了，于是启程回国。他为什么认为自己进入的时机来了呢？李彦宏说：那时大家的名片上开始印 e－mail 地址了，街上有人穿印着".com"的 T 恤了，于是断定互联网在中国成熟了，大环境可以了。同时，在美国工作的他，存折上的钱也差不多了——就算是两三年一分钱挣不到，也可以保证全家过正常的生活。所以，回国创业的时机到了。

有时候，在机会面前，我们必须等待其成熟，不能操之过急。战国时安陵君在获取封号前，只是楚王身边的一个宠臣。一个叫江乙的门客劝导安陵君找个机会向楚王示忠，以获得更稳固的政治地位，以保自己来日的富贵。

安陵君问如何示忠，江乙献计："您务必要向楚王表忠，请求能随他而死，亲自为他殉葬，这样，您在楚国必能长期受到尊重。"安陵君答应了。

安陵君口头上是答应了，但整整三年没有去实施。门客江乙看了很焦急，对安陵君说："我和您说过要像楚王表忠的事，您也应承了，直到现在您还没有行动，看来我只有离开这个危机潜伏的地方的。"安陵君劝其留下，说："我何尝不想表忠呢？但没有找到合适的机会啊。"

安陵君在苦等机会中度日如年。一次，楚王外出去游猎，安陵君有幸随游。一路上车马成群结队，络绎不绝，五色旌旗遮蔽天日。忽然一头犀牛像发了狂似的朝车轮横冲直撞过来，楚王拉弓搭箭，一箭便射死了犀牛。楚王随手拔起一根旗杆，按住犀牛的头，仰天大笑，说："今天的游猎，寡人实在太高兴了！待我百年之后，又有谁能与我一道享受这种快乐呢？"安陵君听了，感觉机会来了，于是泪流满面地走上前对楚王说："我在宫中有幸和大王席地而坐，出外和大王同车而乘，大王百年之后，我愿随从而死，在黄泉之下也做大王的褥草以阻蝼蚁，又有什么比这更快乐的呢！"

安陵君的这次表忠，看不出任何做作、谋划的痕迹，水到渠成，真诚自然。果然，处于狂喜与惆怅之中的楚王听了非常感动，回宫后正式封他为安陵君，让其有了自己的封地。安陵君能够为了一个时机而等待三年，需要耐心、勇气与毅力，正是这种严格的时机把握，才有了他"三年不鸣，一鸣惊人"奇绝效果。

第三章
让思想为成功开路

拿破仑·希尔说过：世界上所有的计划、目标和成就，都是经过思考后的产物。你的思考能力，是你唯一能完全控制的东西，你可以用智慧或愚蠢的方式运用你的思想，但无论你如何运用它，它都会显示出一定的力量。

战国时候，齐威王和将军田忌经常赛马。他们每人都有上、中、下三等马，比赛的时候各自从自己三等马里分别挑出一匹来比赛。田忌身为将军，其马的每个档次当然要比贵为大王的齐威王略逊一筹，所以他一连输了好几次。这天，齐王又约田忌赛马。田忌很发愁，感觉自己又要输了。

这时候，田忌手下的门客孙膑对他说："将军，我有办法让你不输。"对着将信将疑的田忌，孙膑耳语几句。田忌听了，连连点头，脸上也露出了微笑。

又一场比赛开始了。齐王先派出自己的上等马，孙膑让田忌先出下等马，齐王当然很轻易地就赢了第一场；第二场，齐王派出中等马，这次田忌听从孙膑的建议，派出了自己的上等马，经过激烈的比赛后，田忌的马赢了；最后一场，齐王剩下的下等马和田忌的中等马比赛，还是田忌获胜。

这样三场比赛下来，田忌赢了两场输了一场，以2∶1取胜。田忌的马不如齐王的，却不得不与齐王比赛。在这种情形下，田忌无疑是陷入了一个困局：明知会败，但不得不比。孙膑的计谋让田忌从困局中抽身而出，反败为胜，全在于一个"智"字。

人要突破困局，"智取"最为重要。俗话说：两军相逢勇者胜。身处困局，一味地蛮干勇斗，有时候不仅于事无补，反而会让自己在困局中越发被动。

IBM 的创始人汤姆·华特森有一句一字名言——"THINK"（想）。这个一字箴言至今还被许多 IBM 高级管理人员用金属板刻上放在办公桌上，作为座右铭时刻提醒自己勤于用脑。

华特森年轻时，曾在 NCR 当推销员。他努力地用脚去跑，用嘴去说，但是业绩一度很差。处于职业发展困局中的华特森，慢慢地体会出推销除了靠脚和嘴外，还得靠脑。意识到这一点，他开始仔细规划自己的推销方案，并不断总结自己推销过程的成败得失。很快，华特森就成为 NCR 的推销能手。这就是"THINK"的由来。

如何面对不同困局

对于人生困局，并非如某些励志书上声称的"只要有勇气与决心就没有闯不过去的关"。事实上，人们在应对困局时，还需要尊重客观现实。在现实中，人生的困局大致可以分为如下三种形态。

1. 心中的困局

对于要求过高的人来说，他们每时每刻都会处于困局当中。吃要山珍海味、穿要绫罗绸缎、住要花园洋房、坐要名贵轿车、妻要国色天香、儿要聪明伶俐、财要富可敌国……想想看，这样的高标准在普天之下有几人能够达到？毫无疑问，在追求这些的过程中，必定是到处碰壁，而心为形役，则苦不堪言。

有些人以争取高水准为荣，强迫自己努力达到一个可望而不可即的目标，并且完全用成就来衡量自己的价值。结果，他们便变得极度害怕失败。

他们感到自己时时刻刻都在受到鞭策，同时又对自己已取得的成就不满意。

一个刚出校门不到两年的小伙子，他感觉自己的生活简直一无是处："连一所房子也没有，害得连女朋友都不敢交！"他也不想想：像他这种刚出校门的小伙子，有几人拥有自己的房子。再说，找女朋友和房子之间的关系就真的那么密切吗？我们可以想象，这样的人即使拥有了房子与女友，也会认为自己仍身处不幸之中：房子不够大、女友不够漂亮……这种人一辈子都会生活在困局当中，除非他懂得从"高标准"的心态中走出来。

这类存在于人心中的困局，其实是虚拟的困局。你本来未身处困局，只是你自认为身处其中而已。

2. 激励性困局

人在跃过一道壕沟时，总会下意识地后退几步，给自己一个铆足劲的准备动作，然后奔跑，冲刺，起跳，完成跨越。这类困局就是起这样的作用。它告诉我们，我们正面临着人生的一个腾飞跨越，因此必须停下来，做好充分的思想准备，调集自己全部的能量，然后蓄势而发，实现人生飞跃。面对这样的困局，我们所要做的就是认真地对待它，而不要惧怕它，运用全部的智慧去迎接它。许多伟人正是看到了这类困局后的巨大成功，他们不遗余力地去战胜这样的困局，并且最终赢得了人生。

3. 保护性困局

由于人们思考和能力的局限性，我们常常会走上错误的歧途，这时，亮着红灯的困局就是一种警示，使我们意识到前面的危险，回到正确的道路上去。比如，臭氧层的破坏导致大自然对人类产生了报复，从中我们意识到了生态平衡的重要意义。于是，我们开始治理环境，消除污染，大力实施环保措施，以使我们能够在一个和谐的环境里健康生存。有时，身体的疾病，夫妻不和，朋友间的疏远，也是这样一种困局，它让我们反思自己，是不是自己在追求一种与自己的真爱相违背的东西，是不是我们正在做着一件损人又害己的事情。对于这样的困局，我们必须认真接受它给予我们的警示，不能一意孤行；否则，最终不仅不能成功，还会导致自己的惨败，甚至还会连累家人和朋友以及所有爱我们的人。所以，我们也可以称这一类困局为保护性困局。

上述三种困局的形态，最难做到的是如何准确区分。读者朋友们不妨在身陷困局当中进行思考比对，一旦找到自己所面临的困局的形态，突破困局就会成功了一半。

有理性的思考源自精神的正确使用。对于身处困局中的人来说，最需要的是能够让头脑做出最大限度的运转，借着正确的判断做出高明的决定。

每一位成功者，都具有理性的思考或有条理的思想诀窍。但这并不表示他们讲话的技巧或方式高人一等，而是有更为根本的东西存在，也就是说，他们掌握了理性的思考诀窍。理性的思考源自知识的积累和正确应用，具有这样思维技巧的人，才能让他的大脑最大限度地运转，并得到理想的结果。

一个人若想突破困局，就必须学会正确的理性思考。

首先，思想有条理的人，必能判断正确，从而做出高明的决定。例如，在一个复杂的问题面前，你若能排除无关的事物，直捣问题的核心，你就有可能攻克问题。

其次，一个思想有条理的人，能以简明的方法，促使别人更了解自己。不论遇有什么样的机遇，一旦需要展现自己才能的时候，他们必思路清晰做出判断，并能很快地付之于行动，因此也必然会获得良好的效果。尤其在现代的社会竞争里，能有效地思考行动，成功的机会一定会更多。

每个人都有可能把自己训练成为一名理性思考者。虽然学会正确思考的过程是相当复杂的，但它基本上可分成三个阶段。若能仔细研究这些步骤，判断力必能获得相当的改善。

1. 找出问题核心

朋友小赵在最近一年中被家庭入不敷出的问题搞得焦头烂额。他在一家化工精密仪表公司做业务员，年收入约十万元左右，妻子自他们结婚后一直做全职太太。按说家庭年收入十万元，生活也可以基本达到小康水平，不至于陷入财务困境。但他们在财务危机面前的应对措施失当，致使他们在财务困境中越陷越深。

困境的缘由是他们一年前新添了一个小宝宝，宝宝的身体一直不大好，大病倒是没有，小病却是不断。小赵一家八九千元的月收入，还了四千元房贷后的余款几乎全花在小孩身上。就这样，他们家庭第一次出现了财务危机。

陷入财务危机的夫妻俩，首先想到的当然是借钱渡难关。但借钱只能解决燃眉之急，于是他们又想到了节省开支，在孩子满一百天后，他们把聘请的保姆辞退，这样每月可以节省800元的工资支出。辞了保姆之后，小赵下班后要做很多家务事，上班时也常常需要请假帮妻子带孩子去儿童医院——而这些事，原来都是保姆可以做的。

小赵夫妻很希望迅速摆脱财务危机，但事与愿违，自从辞退保姆后，小赵因为将大量的精力与时间花在家庭事务上，结果工资收入一个月比一个月少——他的收入主要来自业务提成。一年之后，满了周岁的孩子身体强壮了很多，基本上不生病了，但小赵此时的月收入连四千元都不到了。他们在经济危机的困境中越陷越深。

小赵这时才如梦初醒，非常后悔当时用辞退保姆的方式来应对财务危机。他光想到"节流"，却没有想到自己"节"了小"流"，误了大"流"，因为节省了月数百元的小钱，把自己月数千元的收入也"节"掉了一大半！

小赵在身处财务困局中，并没有找出问题的核心，导致了因小失大，结果在困局中越陷越深。

一个简单的例子，如果有人因为靴子磨脚，不去找鞋匠而去看医生，这就是不会处理问题，因为没有找到问题的关键所在。从这里我们就可以理解，为什么去掉枝节、直捣核心是最重要的步骤了，否则，问题的本身和影子会扭成一团而理不清楚。有了问题时，就该想想这个例子，一定要把握住问题的核心。能够找出问题的核心，并简洁地归纳总结出来，困局就已解决一大半了。

还是回到我们前述的例子。小赵当时若将解决财务困局的重心放在"开源"而不是靠辞退保姆的简单"节流"上，努力地工作，争取更多的收入，或者与以往持平，其财务上的困境都不会演变到后来那么糟糕。

2. 分析全部事实

一个一等兵开着一辆带帆布顶篷的卡车，在行军时不慎受困于一个深深的泥坑。

正在一等兵左冲右突都无法脱离泥坑时，一队轿车从右边驶过。看到这辆陷入困境的卡车，车队立即停下来，一位身着红色佩带的将军从8辆汽车的头一辆中走了出来，让一等兵过去。

"遇到麻烦了？"

"是的，将军先生。"

"车陷住了？"

"陷在泥坑里，将军先生。"

这位将军仔细地观察了一下，这时，他想起新颁发的一项要求加强官兵之间的战友情的命令，于是，他决定身体力行地给大家做个榜样。

"注意了！"他拍拍手用命令的口气高声叫喊着，"全体下车！军官先生们过来！我们让一等兵先生的卡车重新跑起来！干活吧，先生们！"

从8辆汽车里出来整整一个司令部的军官、少校、上尉，一个个穿着整洁的军服。他们同将军一起埋头猛干起来，又推又拉，又扛又抬，就这样干了十多分钟，汽车从泥坑中出来停在道上准备上路。

我们可以想象当这些军官穿着满是泥污的军服进入汽车时，他们的样子是何等的狼狈，将军最后一个上车，在上车之前他洋洋自得地走到一等兵面前。

"对我们还满意吗？"

"是的，将军先生！"

"让我看看，您在车上装了些什么？"

将军拉开篷布，他惊讶地看到，在车厢里坐着整整18个年轻健壮的一等兵。

面临困局，很多人都喜欢跟着感觉走，并不愿花精力去了解更多与之相关的事实，结果不是花了大力气办了小事情，就是把事情越弄越糟。

在了解到真正的问题核心后，就要设法收集相关的资料和信息，然后进行深入的研讨和比较。应该像科学家搞科研那样有审慎的态度。解决问题必须采用科学的方法，做判断或做决定都必须以事实为基础，同时，从各个角度来分析辩明事理也是必不可少的。

一旦有关资料都齐备后，要做出正确的决定就容易多了。因为收集相关资料数据，对于理性思考的产生是非常重要的。

3. 谨慎做出决定

在做完比较和判断之后，很多人往往马上就能做出结论。其实，下结论不必过早，如果形势允许试着以一天的时间把它丢在一边，暂时忘掉。或许，新的判断或决定就会浮上心头，等重新面对问题时，答案已出现了。

人对事物的认识总会受时间、空间的局限，而我们面对的是变化的、运动着的世界，因此，我们经常会遇到因考虑不周、鲁莽行动而造成损失的情况，所以，我们遇事要"三思而后行"。要知道，许多矛盾和问题的产生，都是冲动、未经深思熟虑的结果。

冲动情绪往往是由于对事物及其利弊关系缺乏周密思考引起的，在遇到与自己的主观意向发生冲突的事情时，若能先冷静地想一想，不仓促行事，就不会冲动起来，事情的结果也就会大不一样了。

石达开是太平天国首批"封王"中最年轻的军事将领，在太平天国金田起义之后向金陵进军的途中，石达开均为开路先锋，他逢山开路，遇水搭桥，攻城夺镇，所向披靡，号称"石敢当"。太平天国建都天京后，他同杨秀清、韦昌辉等同为洪秀全的重要辅臣。后来又在西征战场上，大败湘军，迫使曾国藩又气又羞又急，欲投水寻死。在"天京事变"中，他又支持洪秀全平定韦昌辉的叛乱，成为洪秀全的首辅大臣。

但是，就在这之后不久，石达开却独自率领20万大军出走天京，与洪秀全分手，最后在大渡河全军覆灭，他本人亦惨遭清军骆秉章凌迟。石达开出走和失败的历史是鲁莽行动的体现，足以使后人深思。

1857年6月2日，石达开率部由天京雨花台向安庆进军，出走的原因据石达开的布告中说，因"圣君"不明，即责怪洪秀全用频繁的诏旨，来牵制他的行动，并对他"重重生疑虑"，以致发展到有加害石达开之意，这就使二人之间的矛盾白热化了。

而当时要解决这一日益尖锐的矛盾有三种办法可行：一种办法是石达开委曲求全，这在当时已不可能，心胸狭窄的洪秀全已不能宽容石达开；一种是急流勇退，解印弃官，来消除洪秀全对他的疑惑，这也很难，当时形势已近水火，如石达开真要解职的话，恐怕连性命都难保；第三种是诛洪自代。谋士张遂谋曾经提醒石达开吸取刘邦诛韩信的教训，面对险境，应该推翻洪秀全的统治，自立为王。

按当时的实际情况看，第三种办法应该是较好的出路，因为形势的发展，实际上已摒弃了像洪秀全那样相形见绌的领袖，需要一个像石达开那样的新的领袖来维系。但是，石达开的弱点是中国传统的"忠君思想"，他讲仁慈、信义，他对谋士的回答是"予惟知效忠天王，守其臣节"。

因此，石达开认为率部出走是其最佳方案。这样既可打着太平天国的旗号，进行从事推翻清朝的活动，又可避开和洪秀全的矛盾。而石达开率大军到安庆后，如果按照原来"分而不裂"的初衷，本可以此作为根据地，向周围扩充。安庆离南京不远，还可以互为声援，减轻清军对天京的压力，又不会失去石达开在天京军民心目中的地位。这是石达开完全可以做到的。但是，石达开却没有这样做，而是决心和洪秀全分道扬镳，彻底分裂，舍近而求远，独去四川自立门户。

历史证明这一决策完全错了，石达开虽拥有20万大军，英勇决战江西、浙江、福建等12个省，震撼半个中国，历时7年，表现了高度的坚韧性，但最后仍免不了一败涂地。

1863年6月11日，石达开部被清军围困在利济堡，石达开决定用自己一人之生命换取部队的安全，这又是他的决策失误。当军中部属知道主帅"投降"时，已溃不成军了。此时，清军又采取措施，把石达开及其部属押送过河，而把他和2000多解甲的战士分开。这一举动，顿使石达开猛醒过来，他意识到诈降计拙，暗自悔恨。

回顾石达开的失败，主要是他个人决策的失误，他自不量力的行动，决定了他出走后不可能有什么大的作为。

当我们在做决定时，常会犯一个老毛病，就是"自不量力"地做一些吃力不讨好，甚至"赔了夫人又折兵"的事情。因此，在面临做出决定时，首先，应先问问自己做这个决定到底是为什么？有什么目的？如果做此决定，会产生何种后果？这样想，能促使你三思而后行，避免冲动。

其次，要锻炼自制力，尽力做到处变不惊、宽以待人，不要遇到矛盾就"兵戎相见"，像个"易燃品"。见火就着。倘若你是个"急性子"，更应学会自我控制，遇事时，要学会变"热处理"为"冷处理"，考虑各个选项的利弊得失后再作决定。

不停反省，不停跨越

"为什么受伤的总是我？我到底做错了什么？"每一个身处困局中的人，都应该在脑海中多问自己几个为什么。

困局之所以缠上了自己，大部分的根源在于自己。比如说做生意遭了骗，根源在于自己的轻信；比如考研失利，根源在于自己学业不够精进……治病要找到病源方能对症下药，突破困局也需要通过自省找到导致困局的根源，方能找到突破的途径。

自省也就是指自我反省，通过自我反省，人可以了解、认识自己的思想、意识、情绪与态度。一个人如果不懂自省，他就看不见自己的问题，更不会有自救的愿望。

从来不犯错误的人是没有的，从来不犯过去曾犯过的错误的人也是不多见的。暂且不论是不是重复过去曾犯过的错误，就是这种经常反省的精神也是十分可贵的。

宋朝文学家苏轼写过一篇《河豚鱼说》，说的是河里的一条豚鱼，游到一座桥下，撞到桥柱上。它不责怪自己不小心，也不打算绕过桥柱子游过去，反而生起气来，恼怒桥柱子撞了它。它气得张开两鳃，胀起肚子，漂浮在水面，很长时间一动不动。后来，一只老鹰发现了它，一把抓起了它，转眼间，这条河豚就成了老鹰的美餐。

这条河豚，自己不小心撞上了桥柱子，却不知道反省自己，不去改正自己的错误，反而恼怒别人，一错再错，结果丢了自己的性命，实在是自寻死路。

那以，人应该从什么地方反省自己呢？

孔子的弟子曾子关于自省有一段著名的论述："吾一日而三省吾身，为人谋而不忠乎？与朋友交而不信乎？传不习乎？"曾子告诉我们，每天要三省，从三个方面去检查自己的思想和言行：

一是反省谋事情况，即对自己所承担的工作是否忠于职守；

二是反省自己与朋友交往是否信守诺言；

三是反省自己是否知行一致，即是否把学到的知识身体力行。

总之，要通过自省从思想意识、情感态度、言论行动等各个方面去深刻认识自己、剖析自己。

自省可以改变一个人的命运和机缘，它在任何人身上都会发生大效用：因为自省所带来的不只是智慧，更是夜以继日的精进态度和前所未有的干劲。

有了自省，人才能自己解剖自己，把身上的灰尘抖落在地，还一个干净、清洁的自我。

有了自省，人就有了人生的栅栏，既不会被迷雾诱惑，也不会被香风薰倒。

有了自省，人才能去伪存真，化堑为智，并不断使自己思想升华，情操净化。

有了自省，人才会自醒，继而自立与自强！

朋友们，学会自省吧！它是你人生旅途中的一盏指路明灯！

在中国有许多古语都包含了这个道理，如老马识途，正因为老马走过无数的路，经过无数的坎坷，它才能在每次坎坷之上留下心底的记号，下一次再在此经过，它便可以一跃而过！

古代有一个故事，在一片深山老林里，有一座"神仙居"位于山顶。一天，有一个年轻人从很远的地方来求见"神仙居"居主，想拜他为师，修得正果。年轻人进了深山老林，走啊走，走了很久。他犯难了，路的前方有三条岔路通向不同的地方。年轻人不知道哪一条山路通向山顶。忽然，年轻人看见路旁边一个老人在睡觉，于是他走上前去，叫醒老人家，询问通向山顶的路。老人睡眼蒙胧嘟哝了一句"左边"又睡过去了。年轻人便从左边那条小路往山顶走去。走了很久，路的前方突然消失在一片树林中，年轻人只好原路返回。回到三岔路口，那老人家还在睡觉。年轻人又上前问路。老人家舒舒服服地伸了个懒腰，说："左边。"就又不理他了。年轻人正要详问，见老人家扭过头去不理他了。转念一想，也许老人家是从下山角度来讲的"左边"。于是，他拣了右边那条路往山上走去。走啊走，走了很久，眼前的路又渐渐消失了，只有一片树林。年轻人只好原路折回，回到三岔路口，见老人家又睡过去了，不由气涌上来。他上前推了推老人家，把他叫醒，便问道："老人家你一把年纪了何苦来欺我，左边的路我走了，右边的路我也走了，都不能通向山顶，到底哪条路可以去山顶？"老人家笑眯眯地回答："左边的路不通，右边的路不通，那你说哪条路通呢？这么简单的问题还用问吗？"年轻人这时才明白过来，应该走中间那条路。但他总想不明白老人家为什么总说"左边",带着一肚子的疑惑,年轻人来到了"神仙居"。他虔诚地跪下磕头,居主笑眯眯地看着他,那神态仿佛山下三岔路口那老人家,年轻人使劲揉了揉眼睛……

你肯定猜到了那老人家就是居主变的,但这故事里包含着几个人生道理,一是年轻人走完左边的路和右边的路之后,都失败了,无疑应是中间那条路通向山顶,说明人经过失败后,受情绪影响(比如愤怒),连很简单的问题,只要一转变思绪就很容易想出的问题却被自己弄糊涂了;二是只有走过左边和右边的路走之后,才知道这两条路都不通山顶,说明凡事要自己亲身去经历才知道可行不可行;三是,年轻人在走过右边和左边的路之后,知道走不通他就不要再第二次走那两条路了,这说明人不会轻易犯同样的错误,他已经向正确的方向迈进了一步。

你想到了几点呢?不管你想到几点,至少你明白了错了之后你不会再犯同样的错,这就是失败的好处!

别因为失败伤心,也不要为错误负疚。然而,人非圣贤,孰能无过?只要不是存心做错,偶尔犯错事,是可以原谅的,也不必受良心谴责的。无心之过,不但不会受到惩罚,还可以从过错中获得教训,从犯错的经验中变得聪明起来!

明代绍兴名人徐渭有一副对联:"读不如行,试废读,将何以行;蹶方长智,然屡蹶,讵云能智。"这副对联,科学地阐述了理论与实践、失误与经验的辩证关系。上联是说实践出真知,理论指导行动。下联蹶是指摔倒,不能摔倒后一蹶不振,而应"吃一堑,长一智"。有人认为"吃一堑"与"长一智"之间存在必然性,那就错了。这种可能性要转变为必然性,必须要有一个条件,那就是要从失误中总结教训,积累经验,这样才能长智。如果错后不思量,那么同样的错误还会不断重复出现,这就是"然屡蹶,讵云能智"

的精辟之处。

一个人遭受一次挫折或失败，就该接受一次教训，增长一分才智，这是成语"吃一堑，长一智"的道理之所在。

从前，有个农夫牵了一只山羊，骑着一头驴进城去赶集。

有三个骗子知道了，想去骗他。

第一个骗子趁农夫骑在驴背上打瞌睡之际，把山羊脖子上的铃铛解下来系在驴尾巴上，把山羊牵走了。

不久，农夫偶一回头，发现山羊不见了，急忙寻找。这时第二个骗子走过来，热心地问他找什么。

农夫说山羊被人偷走了，问他看见没有。骗子随便一指，说看见一个人牵着一只山羊从林子中刚走过去，准是那个人，快去追吧！

农夫急着去追山羊，把驴子交给这位"好心人"看管。等他两手空空地回来时，驴子与"好心人"自然都没了踪影。

农夫伤心极了，一边走一边哭。当他来到一个水池边时，却发现一个人也坐在水池边，哭得比他还伤心。农夫挺奇怪：还有比我更倒霉的人吗？就问那个人哭什么，那人告诉农夫，他带着两袋金币去城里买东西，在水边歇歇脚、洗把脸，却不小心把袋子掉水里了。农夫说："那你赶快下去捞呀！"那人说自己不会游泳，如果农夫给他捞上来，愿意送给他20个金币。

农夫一听喜出望外，心想：这下子可好了，羊和驴子虽然丢了，可将到手20个金币，损失全补回来还有富裕啊！他连忙脱光衣服跳下水捞起来。当他空着手从水里爬上来时，干粮也不见了，仅剩下的一点钱还在衣服口袋里装着呢！

这个故事告诉我们，农夫没出事时麻痹大意，出现意外后惊慌失措而接二连三造成损失，造成损失后又急于弥补，因此又酿成大错，三个骗子正是抓住农夫的性格弱点，轻而易举地全部得手。

应该说，人们在工作、生活中遭受类似的挫折和失败是难以完全避免的，但自省会让自己平静，平静会让自己清醒，清醒做事不会慌乱。

不要被情绪影响

老郑是一个极为情绪化的人。5年前，他与妻子离婚，至今孤身一人。单身的日子不好过，他时常借酒浇愁。每每提及往事，老郑后悔不迭。原来，老郑只是因为当年下岗在家，心情不好，与妻子之间出现口角之后，一怒之下与妻子离了婚。老郑一直后悔当年的不理智，生活过得潦倒不堪。最近，他又因老板的一句责备奋而辞职——这是他下岗五年里的第十三次辞职了。老郑过于情绪化的脾气一日不改，他潦倒的日子一日都不会停歇。

在我们的日常生活中，常会遇到一些让我们义愤填膺、怒气难抑的事情，碰到这种事情的时候，作出正确选择的关键是"保持理性"。所谓的保持理性，就是不要让情绪来误导你的选择。人有七情六欲，是很自然的事，可是在做选择的时刻，千万不能被情绪牵着鼻子走，不能让你的情绪"害"你。

有些事其实并不难应付，要化解原本是件很简单的事，偏偏有些人就是会把事情搞砸，原因不外乎就是情绪在作祟。一个人的思考空间被情绪占满了，就没理性思考的空间了。而没有理性思考的空间，就会分不清什么是正确，什么是错误，因而造成自讨苦吃的下场。

不少人总是会因为不顺心的事情而大发脾气或情绪低落消沉。丢东西时惊慌、谩骂；受到指责时愤愤不平；遭到侮辱时挥拳相向；遇到失恋时借酒消愁；屡遭失败时灰心丧气；遇到难题时捶胸顿足；被人冤枉时火冒三丈；身体不适时心烦气躁……这些似乎让人感觉个人的情绪表现是由这些不顺心的事情直接决定的。但事实并非如此，只是因为人在成长的过程中形成了太多的思维模式，当受到"不顺心"的环境事件的刺激时，人们总是本能地认为那是不好的事情，并进而将思维延伸到事件对未来的影响。而这种影响也往往是坏的，也就是说，人们总是会往坏的方面想，而无视事情积极的方面。所以，正是因为个人的看法、认识等内因对外部刺激形成的固定的反应，才使得外因更多地直接决定了个人情绪。

要想自己不被情绪牵着走，就要能够灵活地调整内因对外因的固定反应。当外部刺激可能导致个人情绪、行为的恶性变化时，人的看法、认识要能够能动地自我调整，逆向思维，发掘积极的因素，阻碍外部刺激对情绪、行为的不良作用，保证情绪的稳定、乐观和行为的积极、正常。这样就能够变悲为喜、缓解矛盾、抑制愤怒，使一个人心胸豁达、轻松愉快、处事冷静。

一个用情绪来决定事情，往往看不清事情的真相。考虑不经大脑，完全以直觉反应，而情绪又因时、因地、因物而有所不同，所以，处理事情便没有一个准则。如果自己能花点心思想一想再做决定，对于事情的结果，也就比较能掌握，不会事到临头干着急。

要学习运用一些简单的逻辑来做判断，强迫自己在做决定前先给自己一分钟的选择时间。有些时候，情况紧迫，必须立刻下决定，也应给自己5—10秒钟的缓冲时间进行大方向的判断。

困局之中，千万不要因狂躁发怒而乱了方寸，临危不乱、沉着冷静理智地应对困局才是正道。冷静地观察问题，在冷静中寻找出解决问题的突破口。

随时保持思路清晰

究竟怎样才能有效地发挥自己的强项并突破人生的困局呢？这就需要你面对各种复杂的问题，做到头脑清醒，思路清晰。

在任何环境、任何情形之下，都要保持一个清醒的头脑，要保持正确的判断力。在他人失去镇静手足无措时，你要保持着清醒镇静；在旁人做着可笑的事情时，你仍然要保持着正确的判断力，能够这样做的人，才是真正的杰出人才。

一个一遇到意外事情便手足无措易于慌乱的人，必定是个思考尚未成熟的人，这种人不足以交付重任。只有遇到意外情况镇定不慌处变不惊的人，才能担当起大事。

在很多机构中，常见某位能力平平、业绩不出众的职员，却担任着重要的职位，他的同事们感到惊异。但他们不知道，领导在选择重要职位的人选时，并不只是考虑职员的才能，更要考虑到所用之人头脑是否清晰、性情是否敦厚和判断力是否准确。企业的稳步发展，全赖于职员的办事镇定和具有良好的判断能力。

一个头脑镇静思路清晰的伟大人物，不会因境地的改变而有所动摇。经济上的损失、事业上的失败、环境的艰难困苦都不能使他失去常态，因为他是头脑镇静、信仰坚定的人。同样，事业上的繁荣与成功，也不会使他骄傲轻狂，因为他安身立命的基础是牢靠的。

在任何情况下，做事之前都应该有所准备，要脚踏实地、未雨绸缪，否则，一旦困难临头，就会慌乱起来。当大家都慌乱，而你能保持镇定，你就具有了很大的优势。在整个社会中，只有那些处事镇定，无论遇到什么风浪都不慌乱的人，才能应付大事，成就大事。而那些情绪不稳、时常动摇、缺乏自信、危机一到便掉头就走、一遇困难就失去主意的人，一辈子只能过着一种庸庸碌碌的生活。

海洋中的冰山，在任何情形之下都不为狂暴风浪所倾覆，乃是我们应该学习的绝好榜样。这是为什么呢？原来冰山庞大体积的7/8都隐藏在海面之下，稳当、坚实地扎在海水中，这样就无法被水面上波涛的撞击力所撼动。冰山在水底既然有巨大的体积，当狂暴的风浪去撞击水面上的冰山一角时，冰山丝毫不动也就不足为奇了。

一个人平稳与镇静的表现是其思想修养和谐发展的结果。一个思想偏激、头脑片面发展的人，即使在某个方面有着特殊的才能，也总不如和谐的思想修养更全面。头脑的片面发展，犹如一棵树的养料被某一枝条吸去，那枝条固然发育得很好，但树的其余部分却萎缩了。

许多才华横溢的人也曾做出种种不可理喻的事情来，这可能是因为其判断力较差，缺乏和谐平稳的思想修养的缘故，而这妨碍了他们一生的前程。

一个人一旦有了头脑不清楚、判断力不健全的恶名，那么往往一生事业都会没有进展，因为他无法赢得其他人的信任。

如果你想做个能得到他人信任的人，要让别人认为你的头脑清晰，判断准确，那么你一定要努力做到件件小事都冷静对待，处理得当。有些人做事时，尤其是做一些琐碎的小事时，往往敷衍了事，本来完全可以做得好些，可是他们却随随便便，这样无异于减少他们成为冷静处事人物的可能性。还有些人一旦遇到了困难，往往不加以周密地判断，而是只图方便草率了事，使困难不能得到圆满的解决。

如果你能常常迫使自己去做你认为应该做的事情，而且竭尽全力去做，不受制于自己贪图安逸的惰性,那么你的品格与判断力,必定会大大地提高。而你自然也会为人们所承认,成为被人们称为"思路清晰、判断准确"的人。

因为有些人常常懒于思考,或者说没有进行有突破性的思考,这就是惰性思考。一个要试图突破困局的人,应拒绝惰性思考。

世上有很多人常常认为自己很缺乏思考能力。这些人到底为什么会这般讨厌思考呢?

他们讨厌思考、不喜欢做决定的理由之一,就是因为他们必须聚精会神地关注如何解决问题。而解决问题就要涉及方方面面的关系和因素,这对一般人来讲,是一件很"累"的事,因为它就像调动千军万马一样复杂。

注意力很容易为新奇事物所分散。我们要将心思集中在解决问题的核心上却相当的困难,大多数人在顷刻间便会让注意力偏离了问题的核心。

当我们在做判断时,整个心思必须停留在特定的问题上。当然你也必须了解,事实上一个人的心思无法完全做到集中在整个问题上,所以我们的思考过程经常容易受到外界的影响。

因此,我们在思考某一问题时,应该将相关因素全部想出来。

那么,要如何决定才是正确的呢?以一位准备"跳槽"的先生为例,将各种相关因素全部列出。

· 如果转任新职的话,每年可增加1万元的收入。

· 但我在原公司工作10年的资历势必牺牲。

· 我的年终奖金恐怕也就没了。

· 新公司的工作环境较好。

· 新公司的工作感觉较辛苦。

· 现在我的工作能力已到了目前薪水的界限。

· 我已40岁了,并不想去冒很大的风险。

・我不想碰运气。

・我喜欢认真工作的人,对于新公司的人际关系我并不是很了解。

・新公司是成长性更为久远的公司。

将这些必须考虑的因素列出表来,比其他任何方法更能帮助你作出明智的决定。这个技巧的确可以提供给你一个思考和判断的新基础。

实际上,只凭着空想而期望正确的思考结果是非常困难的,但只要将解决问题的想法写在纸上,便会很容易集中精神作出正确的思考。

因此,我们应将注意力集中于第一目标上。在第一目标找出之后,应清楚地写在一张明信片大小的纸上,然后把它贴在自己容易看见的地方,譬如洗脸台旁、梳妆台镜子上等,甚至每天在睡觉前或起床后,便面对它大声念一遍。也可利用脑中有空闲的时候,来思考如何解决这件事情,并常常想象自己成功时的情景以鼓励自己。

如此持续一段时间之后,相信你会愈来愈感觉到自己正在走向目标的途中。但必须注意,这种方法肯定需要经过一段时间后才会显出它的效果和成绩,如果只做一两天,是不可能收到什么效果的。

经过一段时间之后,通过你的思考,卡片上的文字逐渐产生了变化——原本困难的问题已经转变成清晰的解决问题的思路,这便奠定了你突破人生困局的基础。

成功的路有很多条

当诺贝尔研究出威力强大的硝化甘油新型火药时,有人认为他是在为战争贩子提供杀人利器。因此,他的工厂门前经常有人举着牌子抗议和示威。

然而，更麻烦的事情是当时落后的生产工艺。在火药生产过程中，诺贝尔工厂发生过多次爆炸事件，一些人死于非命，其中包括诺贝尔的弟弟，诺贝尔本人也负伤累累。市民们不能容忍一座危险的火药桶安放在他们中间，纷纷向市政府请愿，要求关闭诺贝尔工厂。市政府顺从民意，强令诺贝尔工厂迁出城外。

无奈之下，诺贝尔决定将工厂整体搬迁。但是，搬到哪儿去呢？这座城市周围是大片水域，陆地面积很小，任何一个居民都不会接受一座会爆炸的工厂。看来只有迁往人烟稀少的偏远山区才不会有人反对，但昂贵的运输费用却使诺贝尔难以承受。以当时的技术条件，也很难保证在长途搬运过程中不会发生爆炸事故。

怎么办？诺贝尔陷入进退两难的困局。

有人劝诺贝尔干脆别干了。世上值得一干的事业多着呢，何必一定要做这种吃亏不讨好的买卖？但诺贝尔却不是一个轻言放弃的人，无论付出多大代价，也要将自己钟爱的事业进行到底。他想，工厂搬迁，需要满足人烟稀少、费用节省、运输安全三个条件，而这三个条件却是相互矛盾的。他冥思苦想，终于想到一个主意：将工厂建在城外的水面上。在那个年代，这的确是一个异想天开的构想，却是能同时满足上述三个条件的唯一办法。

以当时的技术条件，在水面上建厂的难度太大。诺贝尔的做法是：以一条大驳船做平台，将工厂比较不安全的部分生产车间、火药仓库建在上面，用长长的铁链系在岸上；将工厂其余部分建在岸上。一道老大难问题就这样解决了。

突破困局通往成功的路不止一条。当我们感到迷惘的时候，当我们犹豫不决的时候，我们是否这样想想：这一事物的正面是这样，假如反过来，又将怎么样呢？正面攻不上，可否侧面攻、后面攻。

世上只有难办的事，却没有不可能的事。凡事都有解决办法。当常规方法行不通时，打破思维定势，难题也许就会迎刃而解。

大路车多走小路

一位乘客上了出租车，并说出了自己的目的地。司机问："先生，是走最短的路，还是走最快的路？"乘客不解："最短的路，难道不是最快的路吗？"司机回答："当然不是。现在是上班高峰，最短的路交通拥挤，弄不好还要堵车，所以用的时间肯定要长。你要有急事，不妨绕一点道，多走些路，反而会早到。"

生活中有很多时候我们会遇到类似的困境，虽然条条大路通罗马，但最快的路不一定是最短的路，到达目的地最短的路可能会因某种原因使我们浪费更多的时间。

林肯曾经说过："我从来不为自己确定永远适用的政策。我只是在每一具体时刻争取做最合乎情况的事情。"英国大科学家、电话的发明者贝尔说："不要常常走人人都走的大路，有时另辟蹊径前往云林深处，那里会令你发现你从来没有见过的东西和景物。"

20世纪80年代，德国奔驰车受到日本大量优质低价车的冲击，日子逐渐难过起来。怎么办？世界上最早的一辆汽车就叫奔驰，难道它已经老态龙钟，不再适应社会而不能继续奔驰下去了？

奔驰的掌门人埃沙德·路透绝不会答应奔驰车在自己的手里抛锚。这个雄心勃勃的德国人，给奔驰车选择了一种与众不同的道路。他保证这条与众不同的道路，将会令奔驰车再次迅速而又平稳地"奔驰"起来。

路透为奔驰车选择的是一条高端路线："奔驰车将以两倍于其他车的价格出售。"路透似乎早已下定了决心，他知道如果不提高奔驰车的质量，不以优质为基础，高价也不能带给消费者无上的尊贵感、满足感。

为了激励全体员工共同实现新的目标,路透感觉到有必要亲自到车间和试验场去身体力行一番。他当然知道这种逆风而行的一步如果成功,将给奔驰公司带来多么高的荣誉.但他也清楚这一步一旦失足会有多么大的损失。他必须鼓起所有的勇气走好这一步险棋。

路透不愿充当不适应变化的角色。在奔驰600型高级轿车问世之前,路透对他的技术专家们说:"我最近想出了一则很优秀的汽车广告,当然是为咱们奔驰想的。这则广告是:'当这种奔驰轿车行驶的时候,最大的噪音来自车内的电子钟。'我准备把这种奔驰车定价为17万马克。"专家们当然明白总裁的意思,却仍不免大吃一惊:17万马克,买普通轿车要买好多辆啊!

也许是总裁的表现感动了那些专家,他们废寝忘食地工作,以惊人的速度成功地把新型优质奔驰轿车献给了埃沙德·路透。当路透宣布将奔驰轿车的价格提高一倍时,这个命令不仅让整个德国震惊,更是让全世界的汽车工业惊惶不已。

路透的愿望很快变成了现实,闻名世界的高级豪华型轿车奔驰600问世了,它成了奔驰轿车家族中最高级的车型,其内部的豪华装饰,外部的美观造型,无与伦比的质量都莫不令人叹为观止。很快,各国的政府首脑、王公贵族以及知名人士都竞相挑选奔驰600作为自己的交通工具,因为,拥有它不仅仅是财富的象征。

现在,奔驰汽车公司已是德国汽车制造业的老大,也是世界商用汽车的最大跨国制造企业之一,奔驰汽车以优质高价著称于世,且历时百年而不衰。

当其他企业大多走降低成本、降低商品价格的道路来达到增强竞争能力的目的时,奔驰公司却走了一条小路。这不能不算是给很多人的一种启示。

当很多人在往同一条大路上挤的时候,如果你拥有足够的谋略/实力和信心,另谋小路,也许会到达得更快、更轻松。

如果把一只蜻蜓放飞在一个房间里，它会拼命地飞向玻璃窗，但每次都碰到玻璃上，在上面挣扎好久恢复神志后，它才会在房间里绕上一圈，然后仍然朝玻璃窗上飞去，当然，它还是"碰壁而回"。

其实，旁边的门是开着的，只因那边看起来没有这边亮，所以蜻蜓根本就不会朝门那儿飞。追求光明是多数生物的天性，它们不管遭受怎样的失败或挫折，却还是坚决地寻求光明的方向。而当我们看见碰壁而回的蜻蜓的时候，应该从中悟出这样一个道理：有时，为了达到目的，选择一个看来较为遥远、较为无望的方向反而会更快地如愿以偿；相反，则会永远在尝试与失败之间兜圈子。

百折不回的精神虽然可嘉，但如果望见目标，而面前却是一片陡峭的山壁，没有可以攀沿的路径时，我们最好是换一个方向，绕道而行。因为为了达到目标，暂时走一走与理想相背驰的路，有时是智慧的表现。

鲁迅先生曾说过："其实地上本没有路，走的人多了，也便成了路。"而世间之路又有千千万万，综而观之，不外乎两类：直路和弯路。

毫无疑问，人们都愿走直路，沐浴着和煦的微风，踏着轻快的步伐，踩着平坦的路面，这无疑是一种享受。相反，没有人乐意去走弯路，在一般人眼里弯路曲折艰险而又浪费时间。然而，人生的旅程中是弯路居多，像山路弯弯，水路弯弯，所以喜欢走直路的人要学会绕道而行。

学会绕道而行，迂回前进，适用于生活中的许多领域。比如当你用一种方法思考一个问题或从事一件事情，遇到思路被堵塞之时，不妨另用他法，换个角度去思索，换种方法去重做，也许你就会茅塞顿开，豁然开朗，有种"山重水复疑无路，柳暗花明又一村"的感觉。

绕道而行，并不意味着你面对人生的困难而退却，也并不意味着放弃，而是在审时度势。绕道而行，不仅是一种生活方法，更是一种豁达和乐观的生活态度和理念。大路车多走小路，小路人多爬山坡，以豁达的心态面对生活，敢于和善于走自己的路，你永远不会是一个失败者，而是一个开拓创新者。

越关键时刻越要冷静

有人面对危难之事狂躁发怒乱了方寸。而成功者总是临危不乱，沉着冷静理智地应对危局。之所以能这样，是因为他们能够冷静地观察问题，在冷静中寻找出解决问题的突破口。可见，让发热的大脑冷却下来对解决问题是何等重要。

思考决定行动的方向。那些成大事的人，都是正确思考的决策者。很显然成大事源自正确的决策，正确的决策源自正确的判断，正确的判断源自经验，而经验又源自我们的实践活动。人生中那些看似错误或痛苦的经验，有时却是最可宝贵的财产。在你纵观全局/果断决策的那一刻，你人生的命运便已经注定。两智相争，勇者胜，成大事者之所以成功，在于他决策时的智慧与胆识，能够及时排除错误之见。正确的判断是成大事者一个经常需要训练的素养。为什么呢？因为没有正确的判断，就会面临更多的失败和危急关头。在失败和危急关头保持冷静是很重要的。因为在平常状况下，大部分人都能控制自己，也能作出正确的决定，但是，一旦事态紧急，他们就自乱脚步，无法把持自己。

一位空军飞行员说："二次大战期间，我独自担任F6战斗机的驾驶员。头一次任务是轰炸、扫射东京湾。从航空母舰起飞后我一直保持高空飞行，然后再以俯冲的姿态滑落至目的地的上空执行任务。

"然而，正当我以雷霆万钧的姿态俯冲时，飞机左翼被敌军击中，顿时翻转过来，并急速下坠。

"我发现海洋竟然在我的头顶。你知道是什么东西救我一命的吗？

"我接受训练期间，教官会一再叮咛说，在紧急状况中要沉着应付，切勿轻举妄动。飞机下坠时我就只记得这么一句话，因此，我什么机器都没有乱动，我只是静静地想，静静地等候把飞机拉起来的最佳时机和位置。最后，我果然幸运地脱险了。假如我当时顺着本能的求生反应，未待最佳时机就胡乱操作了，必定会使飞机更快下坠而葬身大海。"

他强调说："一直到现在，我还记得教官那句话：'不要轻举妄动而自乱脚步；要冷静地判断，抓着最佳的反应时机。'"

面对一件危急的事，出于本能，许多人都会作出惊慌失措的反应。然而，仔细想来，惊慌失措非但于事无补，反而会添出许多乱子来。

所以，在紧急时刻，临危不乱，处变不惊。以高度的镇定，冷静地分析形势，那才是明智之举。

唐代宪宗时期，有个中书令叫裴度。有一天，手下人慌慌张张地跑来向他报告说他的大印不见了。为官的丢了大印，真是一件非同小可的事。可是裴度听了后一点也不惊慌，只是点头表示知道了。然后，他告诫左右的人千万不要张扬这件事。

左右之人看裴中书并不是他们想象一般惊慌失措，都感到疑惑不解，猜不透裴度心中是怎样想的。而更使周围的人吃惊的是，裴度就像完全忘掉了丢印的事，当晚竟然在府中大宴宾客，和众人饮酒取乐，十分逍遥自在。

就在酒至半酣时，有人发现大印又被放回原处了。左右手下又迫不及待地向裴度报告这一喜讯。裴度依然满不在乎，好像根本没有发生过丢印之事一般。那天晚上，宴饮十分畅快，直到尽兴方才罢宴，然后各自安然歇息。

而下属始终不能揣测裴中书为什么能如此成竹在胸,事后好久,裴度才向大家提到丢印当时的处置情况。他说:"丢印的缘由想必是管印的官吏私自拿去用了,恰巧又被你们发现了。这时如果嚷嚷开来,偷印的人担心出事,惊慌之中必定会想到毁灭证据。如果他真的把印偷偷毁了,印又何从而找呢?而如今我们处之以缓,不表露出惊慌,这样也不会让偷印者感到惊慌,他会在用过之后悄悄放回原处,而大印也不愁不失而复得。所以我就如此那般地做了。"

从人的心理上讲,遇到突然事件,每个人都难免产生一种惊慌的情绪,问题是怎样想办法控制。

楚汉相争的时候,有一次刘邦和项羽在两军阵前对话,刘邦历数项羽的罪过。项羽大怒,命令暗中潜伏的弓弩手几千人一齐向刘邦放箭,一支箭正好射中刘邦的胸口,伤势沉重痛得刘邦伏下自身。主将受伤,群龙无首。若楚军此时发起进攻,汉军必然全军溃败。猛然间,刘邦突然镇静起来,他巧施妙计:在马上用手按住自己的脚,大声喊道:"碰巧被他们射中了!幸好伤在脚趾,并没有重伤。"军士们听了顿时稳定下来,终于抵住了楚军的进攻。

所以,遇事要沉着冷静,静中生计以求万全。

立刻采取行动

古波斯老国王想选一个接替者。一天,他拿出一根打着结的绳子当众宣布:解开此结者继承王位。应试者众多,但谁也解不开。一青年上前看了看,发现那是根本无法解开的死结,他不去解,而是拿刀去剁,刀落结开,众人惊叹不已。

老国王让人们去解解不开的结,其用意显然是考察应试者的机智。这个青年的思路超出众人之处,就在于他不是费力去解,而是想如何使之"开"。用刀去剁,不只表现了智,而且显示了胆识。这个故事告诉我们:面临难解的死结时,有勇无谋不行,多谋寡断也不行,要想避免当断不断带来的危害,我们需要快刀斩乱麻式的决断,就好像你原来置身在一个嘈杂混乱的场所,忽然有人把电钮一关,一切都在瞬间归于宁静,使你立刻感觉神清气爽。你发现,原来刚才的一番混乱只是一种幻觉,而你那认为不可终日的烦恼也顿消皆无。

所以,关于一件事情的对与错、是与非,不能当机立断是很危险的。你认为有价值的、对自己有利的,就要当机立断。你认为不符合自己利益的,就干脆不干。不论做什么事情,只要认为应该做的就去做。如果不想做了,就立刻退出或另谋出路。做任何事情,优柔寡断总是要吃亏的。何况世界上根本不存在什么绝对的正确与绝对的错误。

华裔电脑名人王安博士,声称影响他一生的最大的教训发生在他6岁之时。有一天,王安外出玩耍。路经一棵大树的时候,突然有什么东西掉在他的头上,他伸手一抓,原来是个鸟巢。他怕鸟粪弄脏了衣服,于是赶紧用手拨开。鸟巢掉在了地上,从里面滚出了一只嗷嗷待哺的小麻雀,王安很喜欢,决定把它带回去喂养,于是连鸟巢一起带回了家。王安回到家,走到门口,忽然想起妈妈不允许他在家里养小动物。所以,他轻轻地把小麻雀放在门后,走进室内,请求妈妈的允许。在他的苦苦哀求下,妈妈破例答应了儿子的请求。王安兴奋地跑到门后,不料,小麻雀已经不见了,一只黑猫正在那里意犹未尽地擦拭着嘴。王安为此伤心了好久。从这件事,王安得到了一个很大的教训:只要是自己认为对的事情,绝不可优柔寡断,必须马上付诸行动。

在美国缅因州,有一个伐木工人叫巴尼·罗伯格。一天,他独自一人开车到很远的地方去伐木。一棵被他用电锯锯断的大树倒下时,被对面的大树弹了回来。罗伯格躲闪不及,右腿被沉重的树干死死压住,顿时血流不止。

面对自己伐木生涯中从未遇到过的失败和灾难,罗伯格的第一个反应就是:"我该怎么办?"他看到了这样一个严酷的现实:周围几十里没有村庄和居民,10小时以内不会有人来救他,他会因为流血过多而死亡。他不能等待,必须自己救自己。他用尽全身力气抽腿,可怎么也抽不出来。他摸到身边的斧子,开始砍树。因为用力过猛,才砍了三四下,斧柄就断了。

罗伯格真是觉得没有希望了,不禁叹了一口气。但他克制住了痛苦和失望。他向四周望了望,发现在不远的地方,放着他的电锯。他用断了的斧柄把电锯钩到身边,想用电锯将压着腿的树干锯掉。可是,他很快发现树干是斜着的,如果锯树,树干就会把锯条死死夹住,根本拉动不了。看来,死亡是不可避免了。

在罗伯格几乎绝望的时候,他想到了另一条路,那就是——把自己被压住的大腿锯掉!

这似乎是唯一可以保住性命的办法!罗伯格当机立断,毅然决然地拿起电锯锯断了被压着的大腿,并迅速爬回卡车,将自己送到小镇的医院。他用难以想象的决心和勇气,成功地拯救了自己!

生活中的困局千变万化,而人们又往往会采取习惯性的措施和办法——或以紧急救火的方式补救,或以被动补漏的办法延缓,或以收拾残局的方法打扫……虽然这些都是处于困局中的有效的化解手段,但在形势危急而又不可避免的险境之下,要学会"舍卒保车"。

一位哲学家的女儿靠自己的努力成为闻名遐迩的服装设计师,她的成功得益于父亲那段富有哲理的告诫。父亲对她说:"人生免不了失败。失败降临时,最好的办法是阻止它、克服它、扭转它,但多数情况下常常无济于事。

那么，你就换一种思维和智慧，设法让失败改道，变大失败为小失败，在失败中找成功。"是的，失败恰似一条飞流直下的瀑布，看上去湍湍急泻、不可阻挡，实际上却可以凭借人们的智慧和勇气，让其改变方向，朝着人们期待的目标而流。就像巴尼·罗伯格，当他清楚用自己的力气已经不能抽出腿，也无法用电锯锯掉树干时，便毅然将自己的腿锯掉。虽然这是没有办法的办法，却避免了任其发展下去会导致死亡的更大失败，人相对于死亡而言，这又何尝不是一种成功和胜利呢？

第四章
如何走出职场的困境

曾看到一则名为《新办公室守则》的打油诗，全文如下：

苦干实干，做给天看；东混西混，一帆风顺。

任劳任怨，永难如愿；会捧会现，杰出贡献。

负责尽职，必遭指难；推托栽赃，宏图大展。

全力以赴，升迁耽误；会钻会溜，考绩特优。

频频建功，打入冷宫；互踢皮球，前途加油。

奉公守法，做牛做马；逢迎拍马，升官发达。

这帖子让不少人看了"大快人心"。没错，从某种角度讲，上班难免会受点委屈，看上司脸色也是必然的事情。但除了泄点恨之外，打油诗所写的未必都是实情。在过去某些地方，也许真的有"少做少错，多做多错"的现象，但是，在现在很多单位都必须讲究效率，要自负盈亏，因此，只靠推诿责任拍马升官的人毕竟有限。

偷偷地发泄一下没关系，但如果一味地认为这个世界上会出头的都是混混，只拿愤世嫉俗来替代反省自己的机会，那么人在自己编织的困境中会毁了前程。

大胆争取涨薪

柴米油盐等生活必需品一涨再涨，房价就像氢气球一样只升不跌……唯独自己的工资涨幅不大。在很多企业的上班族心里就会有很多小九九了：为什么别的同类公司的同种职位工资要比我高？为什么同事涨了五百而我只涨了三百？为什么……

"薪情"不佳时，我们该怎么办？是骑驴找马，还是找老板谈判，或者干脆忍受？

当人们谈论工作究竟是为什么的时候，可能有很多不同的回答：但是，谁都不能否认我们是为利益而工作，例如金钱、福利、职务、荣誉等等。

不会争利一般有两种表现：一种是不敢争利，甚至连自己应该得到的也不敢开口向老板提要求，怕给老板造成不良印象，大有"君子不言利"的味道；一种是过分争利，利不分大小，有则争之，结果常常跟在老板屁股后喋喋不休地讲价钱，要好处，把老板追得烦不胜烦。其实这两者都是不会争利的，"争利"有个技巧问题。

在一个工作群体中，在利益面前，不要逆来顺受，也不要过分谦让，应该大胆地向上司要求自己应当得到的。

干好本职工作是分内的事，要求自己应该得到的东西也是合情合理的，人付出越多，应该得到的就越多。

只要你能为老板干出成绩，向老板要求你应该得到的利益，他也会满心欢喜。若你无所作为，不管在利益面前表现得多么"老实"，老板也不会欣赏你。

有的人认为向老板要求利益，就肯定要与老板发生冲突，给自己找麻烦，影响两者的关系，于是什么都不敢提，结果常常是一事无成。

实际上，从领导艺术上讲，善于控制下属的老板也善于将手中的利益作为团结人心、激发下属的一种手段。由此可见，下属要求利益与老板把握利益是一个积极有效的处理上下级关系的互动手段。

要知道，一个有价值的员工，一个有成就的员工，为自己的利益而争取是理所应当的。任何人都希望自己的加薪要求获得通过，但是怎样说服老板而达到这个要求呢，需要讲究一定的策略。

1. 知己知彼

先要清楚自己的价值和市场行情，在谈判中你就会占有主动权。当老板问你要求的薪金数时，回答得过高和过低都将影响你在老板面前的说服力，因为通过这件事老板就能够明白你是否做过调查。

不经过调查就没有发言权，否则，主动权就掌握在老板的手中了，最多你提出的加薪问题只是一个"自以为是"的问题。

其次还要提出加薪的理由。通过与其他相同类型公司的分析对比，通过你的工作量，通过你所负责的工作，通过你的能力表现，通过你与其他人的对比，通过经济效益等，使你要求加薪的理由更充分、更到位。

加薪的理由中影响最大的一项是：公司的付出与你的产出之比。加薪理由中最充分的一点是：你的职责的扩大。即具有较大的发展潜力是公司需要通过加薪将你留住的一个因素。良好的人际关系和工作关系是每个公司都需要的，能力强常常起到调合剂的作用，也是加薪的理由之一。

还有，明确谁能够真正决定你的薪金。这样可以利用间接关系或直接关系来进行联络并获得顺利通过。

提出加薪，特别是第一次，对每个人来说都是非常困难的，因为你要赤裸裸地谈钱。这对于我们来讲确实难以适应，因此要树立自信心，认识到自己创造的价值，应当得到更多的回报。

一旦请求加薪的要求没有得到批准，也不要气馁，既要寻找自己的原因，还要考虑是不是自己的对策有问题，是不是自己做事情没有被发现或被真正了解，经过分析之后再采取行动。

2. 巧用比较

通过比较的办法，借用其他地方的标准，来促使老板答应自己的提薪要求，是一种比较易于接受的方式。

有一个朋友，在北京一家公司做业务主管，他认为自己每月8000元的薪水有些偏低。可是看到其他的同事向老板提出加薪大都没有被批准，因此他采取了一个策略。

他利用到广州出差的机会，到广州一家公司参加了应聘，那家公司答应每月1万元的薪水。回到公司以后，他也没有直接去找上司谈，而是把这件事有意无意地透露给了他的同事。结果，过了没几天，老板找到他，宣布要把他的薪水涨到每月1万元。

其实他根本没有去广州的打算，他应聘只是为了让上司能够心甘情愿地给他涨工资。若不这样做，他的加薪请求恐怕也会遭到和其他同事一样的命运。

通过这种方法为自己加薪，在职场中有很多类似的例子。老板不是不知道你的价值，只是含糊其词，不愿意多付出一笔钱而已，在很多的公司都有这样的情形。当他们知道将要失去一个成熟的员工时，就会采取提薪的办法来挽留人才。

3. 跳槽，把自己推向市场，看自己究竟"值"多少钱。

是否所有的跳槽都会满足你提薪的要求呢，答案是否定的。因为当你辞职时，许多不确定的因素就摆在了你的面前，比如暂时没有了经济来源，你原来确定的公司忽然不想再要人等诸如此类的问题会接踵而来。

在跳槽之后几个月的时间内你一直在不停地忙碌着，这也是随行就市的一种特点，一旦你不再适应这种生活，你的价值也将下降。

跳槽之前，应当首先清楚自己有没有把握获得更高的薪金，还要了解你的适应能力有多强，做完各种比较之后，如果确定这样做是最合算的，就义无反顾地向前冲。

如何抓住晋升机会

眼看着和自己一同进公司的人一个又一个地随着公司的发展，走上了公司提供的更大的舞台，担当了更重的担子，当然也有了更加丰厚的薪水，三十岁的吴涛再也坐不住了。而立之年的男人，谁不渴望"当官"呢？

几天前，吴涛得知本部门的经理将要调去上海开拓市场。公司高层有意在部门里提拔一个人补经理的缺。晋升的机会来了，各种小道消息在部门里蔓延。在面临这样的机会时，要不要主动地找上司反映自己的愿望，提出自己的要求呢？这是吴涛为之而苦恼的事情。因为，如果他不去要求，很可能就会失去机会；而如果他去要求，又担心上司会认为自己过于自私，争名夺利，究竟该怎么办呢？

其实，实事求是地向上司反映情况，提出自己的愿望和要求，不属于自私和争利的范畴，是十分正当的。在平等的机会面前，每个人都有权利去获得自己应该得到的东西。而且，作为上司来说，由于时间和精力的有限性，他不可能完全了解每个人的情况，有时也可能会被一些表面现象障目，以至于犯片面性的错误。既然如此，为什么不可以主动地帮助上司了解情况，以便他做出更为公允和明智的决定呢？相反，如果你不去反映情况，则只能失去这次机会了。

然而，这时也应该注意一个问题。众所周知，每一次的晋级名额常常是非常有限的，僧多粥少，不可能人人有份。在这种情况下，你在向上司主动提出要求之前最好事先做一番评估，看看这次指标数究竟是多少，并就部门的各个人选做一番排队分析。如果说自己的条件很有可能入选，或者说有一定的机会，但存在着竞争，这样，你便可以而且应该去向上司提出要求。如果排队下来的结果表明自己的希望十分渺茫，那么，趁早自己放弃。因为在这种情况下你再如何主动要求，实现的可能性也是很小的，而且上司会认为你太过分，不明智，你不如再苦心修炼。

我的一个朋友向我诉苦，说自己在一个大公司里干了6年，却一直默默无闻，既无大功也没大过，因此一直得不到提拔。他认为自己有一肚子的才学却得不到施展，为此很是苦恼。"这分明是命运与我作对嘛！一些比我后进公司的人都升了官，唯独我……"朋友愤愤不平。

其实，逆境既是一种挑战，又是一种机会。

冯谖本来是一个贫穷的人，他勤学上进，虽粗茶淡饭，但学识远近闻名，其家中经常无隔夜之米，吃了上顿没有下顿，受贫穷所迫他只得托人将自己推荐给孟尝君做门客，开始时先被安排在三等地方居住。

几天之后，孟尝君问管家："新来的冯先生是否习惯了生活？"管家说："他很无聊，每天抚剑自唱，哀叹我们供应的食物太差，连鱼都没有。"孟尝君听了之后将冯谖搬到二等房。

又过几天，孟尝君又问冯谖的情况，管家说冯谖仍抚剑自唱，哀叹出门没有车坐。于是孟尝君又将他搬到头等房，从此出门可以享受坐车的待遇。

又过几天，孟尝君再问冯谖的反应，管家极为不满地说："他贪得无厌，得寸进尺，现在又说自己不能照顾奉养老母。"于是孟尝君又派人送金银、食物给他母亲，使冯谖安下心来。

"受人滴水之恩，当以涌泉相报"，"士为知己者死"，"知恩图报"是古人的人生原则，冯谖后来表现出了非凡的才智和过人的胆识，挽救了孟尝君濒临绝境的事业。

冯谖其实是积极进取的,他不甘平凡,不甘平淡,使自己才尽其用,还有一个积极,勇于表现自己才能的是毛遂。

毛遂在越国丞相平原君门下过着平庸的食客生涯,三年来一直没什么表现。

一天,平原君要到楚国去求救兵,由于任务艰巨,需要挑选20人同行,但左挑右选只有19个,始终缺少一位,此时毛遂自告奋勇,将自己荐到平原君面前,平原君知道他寄居门下三年以来毫无作为,便说:"有才能的人好像锥子放在口袋里,尖头立刻刺破口袋而凸出来,你在这里三年了,仍没有特殊表现,还是留在家中算了。"

毛遂却说:"从今天起,我将走入布袋之中,如果机遇早点到,我早就脱颖而出了"。平原君接纳毛遂,凑足20个人,出使楚国,搬请救兵。结果全凭毛遂的力量,平原君才不辱使命。

冯谖、毛遂的成功都是在默默无闻的环境中,积极进取,很好地把握机会推销自己,古人如此,处于现代文明社会的我们又该如何做呢?

1. "借梯上楼"

一个人要想获得提升,除了靠自己的努力奋斗外,有时还要借助他人的力量。因此,找个引荐者不失为一条实现自我愿望的好途径。一般来说,引荐者的名望越大、地位越高,对你的成功越有帮助;他是令你扶摇直上的"好风",他的威信和影响对你都有用处。

2. "单刀直入"

求见掌管你升迁大权的人,指出权力的扩大会使你为公司带来更大的回报,告诉他我是这个职位最合适的人,要做好他问"为什么"的准备。在阐述你的"施政纲领"时,不要用"大约""可能""估计"之类的词。你的态度要自信而不自负，恭敬而不谄媚。最后，你还可以告诉他，你的升迁能让别人认识到出色的工作是会得到奖赏的。要使他信服地认可，你确实需要动一番脑筋，但是这种努力多半是不会白费的。

3."敲山震虎"

最具有杀伤力的办法是"敲山震虎"，跟你的老板摊牌："不让我晋升我就走"。如果公司真的需要你，就不得不考虑重用你。不过，在使出这一招杀手锏的时候，你可得有十足的心理准备，骑虎难下时，你可能真的随时得走。"敲山震虎""挟外自重"常是很有效的方法，但也是很危险的牌。

你必须很清楚自己手上有什么，知道上司要干什么才行。否则，稍一不慎反而要吃大亏。此外，你跟上司"摊牌"的方式也大有讲究。如果你当真大摇大摆地走进老板办公室，直截了当地说："你不给我加薪，我就走"。十之八九，你只有走人一条途径了。上司是不会轻易接受这种威胁的。你如果要打你这张的牌，还是采取比较婉转的方式为宜。如暗示老板，有公司对自己有意，或轻微地发点牢骚，表示想换个岗位……再看对方的反应如何。

如果升职的不是你

你如果感觉这次晋升的机会很大，然而最终结果晋升的不是你，这实在是一个令人沮丧的结果。在和工作有关的挫折当中，该提升而未获提升这种现象是很普遍的。如果遇到这样的事，你该怎么办呢？

去向新升任的人道贺。别谈那些无关紧要的闲话，要谈将来。因为将来你有可能成为这位幸运者的下属，所以，最好尽快跟他建立新关系。

等你公开向对方道贺后，再回到自己的办公室闭门深思。如果你发现情绪正在大起大落之中，这实际上对你正在经历的痛苦是具有疗效作用的。美国西北大学管理研究所教授康明斯发现了控制一个在升迁中受挫的人反应的几项关键因素。

（1）你有没有料到会遭受挫折？如果已经料到，也许就不至于那么痛苦；如果是出乎你的意料，就要问"为什么"，是不是公司给了你错误的信息，或者上司把你遗忘了？

（2）在你的事业和生命中，你目前处在哪个位置？重点不在年纪老少，而在于你有多少其他的选择。如果你有别的发展——不管是调到别的部门、提早退休或另谋高就，你都不会觉得全无指望。

（3）你认为是什么原因使你该升而未升？是你自己还是环境使然？如果你认为是自己工作不力而未获晋升，当然你会更痛苦。

（4）家人、朋友是否支持你？假如你不能对配偶或其他人提及你的痛苦，你将变得更加忧郁。

希望越大，打击越大。你应该弄清楚这次打击对你的事业到底有多大的伤害。要尽可能找出答案——为什么他们用别人而不用你。重新评估最近的工作表现，也许你的主管一直传达给你某种信息，只是你没有注意到。找公司里的同事，请他们坦白告诉你，你的表现到底好不好，但别把话题局限在工作上，试着考虑别的可能性，也许失败和工作表现无关，而是因为上司比较欣赏那个人。

在去找主管以前，先以公司利益为着眼点，拟好要说的话。例如："我一直尽全力为公司工作，要怎样才会做得更好？"在刚开始问问题时用点迂回的技巧较好："以您的眼光来看，您觉得做那个工作的人需具备什么条件？谁来决定人选？"也许真正的决策者不是你的上司，而是比他更高阶层的人。慢慢再把问题缩小到核心："为什么是那个人得到工作而不是我？"

这个问题不一定能得到真正的答案，万一真正的理由错综复杂，你的上司可能会设法把他的选择合理化，例如，夸奖你的对手有的那些经验正是你缺乏的，而那些经验是工作上绝对需要的。

这时候，你可以提一些可能存在上司心中，但他不便主动提出的问题："我的表现太差吗，或者太自我？我有没有做错什么事？"他会答："喔，既然你提到这件事，我就顺便说，以后你如何做会比较好。"最后，千万别忘了问："将来我得到晋升的机会有多少？"

参照你所得到的答案，开始拟定后续计划，提醒自己针对远程目标来考虑，这次遭遇到底是无法挽救的失败，还是一个小小的挫折。假如这已经是第二次，那么你要深思，自己是否被"雪藏"了。

有一些人甚至建议，第一次遭"雪藏"时，要做辞职的打算，第二次再发生时，就真的该走了。你要考虑这家公司是不是很值得而且适合你待下去，你有没有得到公平的待遇，被晋升的人是否得到你敬重，当你完全了解被晋升前应具备的那些因素后，还愿意努力去争取吗？当然，别忘了自问：对我而言，所谓成功就是在公司中不断往上走吗？你必须试着去了解，成功的形式绝不止一种。

要达到这个境界并不容易，因为想在竞争中脱颖而出、得到晋升的欲望深植人心，所以遭到失败的痛楚才会那么强烈。

怀才不遇怎么办

有"怀才不遇"感觉的人，一种是真有才能，只是机遇未到或伯乐不至，只得屈就于草莽。另外一种"怀才不遇"的人根本是自我膨胀的庸才，他之所以无法受到重用，正是因为他的"无能"。但他并没有认识到这个事实，反而认为自己怀才不遇，到处发牢骚，吐苦水。

不管你才干如何出众，你一定会碰上才干无法施展的时候。这时候就算你有"怀才不遇"的感觉,最好不要表现出来,你越沉不住气,别人越把你看轻。

那么难道就这样一辈子"怀才不遇"下去?不必如此,有几件事可以做:

——先评估自己的能力,看是不是自己把自己高估了。自己评估自己不客观,可找朋友和较熟的同事替你分析,听听他们的意见。如果别人的评估比你自我评估还低,那么你要虚心接受。

——检讨自己的能力为什么无法施展,是无恰当的机会?是大环境的限制?还是人为的阻碍?如果是机会问题,那只好继续等待;如果是大环境的限制,那只好辞职;如果是人为因素,那么可诚恳沟通,并想想是否有得罪人之处,如果是,就要想办法疏通。

——考虑拿出其他专长;有时"怀才不遇"是因为用错了专长,如果你有第二专长,那么,可以寻找机会去试试看,说不定就此打开一条生路。

——营造更和谐的人际关系,不要成为别人躲避的对象,反而更应该以你的才干协助其他的同事;但要记住,帮助别人切不可居功,否则会吓跑了你的同事。此外,谦虚客气,广结善缘,将为你带来意想不到的助力。

——继续强化你的才干,当时机成熟时,你的才干就会为你带来耀眼的光芒!

最好不要有"怀才不遇"的感觉,因为这会成为你心理上的负担。我那么有才,为什么没有人赏识我?那个人比我差多了,为什么他会得到领导的重用?我的伯乐在哪里?

总有不少人哀叹:"生不逢时""怀才不遇""大材小用";总有人会抱怨:"为什么遇不到伯乐""为什么总是时运不济",在市场竞争日趋激烈的今天,这种想有一天等到伯乐发现的观念,是远远落后于形势的。

你稍微留心一下就能发现,现在电视广告时间越拉越长,广告片越做越精致。商家不惜血本来抢夺人们的眼球，目的很明确：使你认识它，记住它，购买它。

职场好比商场，企业是顾客，你就是产品。在这个商场里，各种类型、各种层面、各种价位的产品应有尽有。现在的顾客也越来越挑剔，常常挑到手酸眼花，还一个劲地抱怨："东西虽然不少，可合适的好像并不多。"

有些东西成了抢手货，供不应求的事实自然也让商品的价位水涨船高。有些东西则乏人问津，并且因为滞销，不得不靠低价来吸引顾客。

那些获得成功的职业人士，从来就不会停止对自己的宣传，他们的目的很明确：被认识、被记住、被购买。他们的信仰是"酒香还靠吆喝着卖"，"是金子赶快去发光"。很难说他们的才能一定比你更强，但会吆喝的一定比不会吆喝的更容易找到人买。

除了不愿意吆喝，更多人是因为不懂怎么去推销自己。因为大多数中国人从小就知道做人最好谦虚、含蓄一点，推销自己是被大家不屑的。虽然人人都知道"毛遂自荐"的典故，但大家更喜欢像诸葛亮那样被"三顾茅庐"，觉得那样才有脸面。

可是细心的职业人士会发现，今天他们要面对的挑战，已经开始从"生产自己"向"销售自己"转移。人们需要走出去、带点微笑、张开嘴、勇敢而真诚地告诉别人自己是谁？能为他们带来什么？想得到什么？事情就这么简单：很多人不愿开口，你开了口，也许就成功了。

别太在乎自己的面子和架子，否则就不会有人在乎我们是谁。想要证明自己，最好先让别人认识你、记住你，有谁会去购买他们不知道的商品呢？努力地推销你自己！这甚至比提升你的才能还要重要。

一张报纸的头版非常醒目地刊出了年薪50万的"自我拍卖"文章——这是一位颇有才能的人的求职广告。为此，很多媒体纷纷报道、评论，公众为之哗然。"皇帝女儿不愁嫁"的时代已成了历史，如今是信息化时代，一个人想获得成功，不但要有真才实学，还要善于推销、包装、经营自我。

"花开堪折尽须折，莫待花落空折枝"。有才能，就要尽情发挥。每个人都有潜能，都有自己的一技之长，但刚刚进入一个新的工作环境，没有人了解你的才能，上司看你就像一张白纸，工作做得好坏就看你的发挥了。

因此，要想怀才而遇，就必须才华外露。不露，就没人知道你有这种才能；不了解你，上司就没法重用、提拔你。如果你把本事隐藏起来，时日一久，上司就会认为你是无能之辈。

我们还要适时地为自己做些广告。著名管理顾问克利尔·杰美森对如何获得晋升提出了自己的看法，他说："许多人以为只要自己努力工作，顶头上司就一定会拉自己一把，给自己出头的机会。这些人自以为真才实学就是一切，所以对提高知名度很不经心，但如果他们真的想有所作为，我建议他们还是应该学学如何吸引众人的目光。"他的话指出了晋升的过程中一个至关重要的问题，那就是如何向上司、同事推荐自己，形成影响力。一般来说，要成功地推荐自己应注意以下几点。

第一，自己应有一定的实力，在推销自己时，人家不会觉得你在夸夸其谈。

第二，推销自己一定要选好时机，好钢要用在刀刃上，这样才更能引起别人的注意。

巧妙地推荐自己，这也是博得上司信任，化被动为主动，变消极等待为积极争取，加快自我实现的不可忽视的手段。常言道："勇猛的老鹰，通常都把它们尖利的爪牙露在外面"。精明的生意人，想推销自己的商品，总得先吸引顾客的注意，让他们知道商品的价值，这便是杰出的推销术。人，何尝不是如此？《成功的推销自我》的作者E.霍伊拉说："如果你具有优异的才能，而没有把它表现在外，就如同把货物藏于仓库的商人，顾客不知道你的货色，如何叫他掏腰包？各公司的董事长并没有像 X 光一样能透视你大脑的组织，积极的方法是自我推销，如此才能吸引他们的注意，从而判断你的能力。"

当然，由于传统观念的根深蒂固，中国人常有一种极其矛盾的心态和难以名状的自我否定、自我折磨的心理，在自尊心与自卑感冲撞下，一方面具有强烈的表现欲，一方面又认为过分的出风头是轻浮的行为。但现在时代不同了，要更新观念，大胆地推销自己！

李先生是一贸易公司的职员，在刚进公司时很受老板赏识，但不知怎的，在并没犯什么错误的状况下，他被"冷冻"了起来。整整一年，老板不召见他，也不给他重要的工作。他忍气吞声地过了一年，老板终于又召见他，给他升了职，加了薪！同事们都说他把冷板凳坐热了。

能力再强，机遇再佳的人，也不可能一辈子一帆风顺，如果你是为人打工，便有坐冷板凳，不受到重用的可能。

为什么会坐冷板凳呢？有很多种原因。

——本身能力不佳。只能做一些无关紧要的事。

——曾犯过重大的错误。让上司和老板对你失去信心，因为他们不可能再次用他们的资本或职位来冒险，所以只好暂时把你"冰冻"起来。

——老板或上司有意的考验。人要做大事必须有面对挑战的勇气，面对考验的耐心，并且还要有身处孤寂的韧性。有时要培养一个人，除了让他做事之外，也要让他无事可做；一方面要观察，一方面要训练。这种考验事先不会让你知道，知道就不算是考验了。

——人事斗争的影响。只要有人的地方就有斗争，连私人公司，老板也会受到员工斗争的影响。如果你不善"斗争"，那么就很有可能莫名其妙地失了势，坐起"冷板凳"来。

——大环境有了变化。时势造英雄，很多人的崛起是由环境所造成，因为他的个人条件适合当时的环境，可是时移境迁，英雄也会无用武之地，这时候你就只好坐"冷板凳"了。

——上司的个人好恶。这没什么道理好说，反正上司或老板突然不喜欢你，于是你只好坐"冷板凳"了。

——你冒犯了上司或老板。宽宏大量的人对你的冒犯无所谓，但人是感情动物，你在言语或行为上的冒犯如果惹火了上司，你便有坐"冷板凳"的可能。

——威胁到老板或上司。你能力如果太强，又不懂得收敛，让你的上司或老板失去安全感，那么你更会受到冷冻。老板怕你夺走商机去创业，上司怕你夺了他的地位，"冷板凳"就给你坐了。

坐"冷板凳"的原因还有很多，不一一列举。而人一旦坐上冷板凳，一般都无法仔细思考原因何在，只知成天抱怨。不过，与其在冷板凳上自怨自艾或疑神疑鬼，不如调整自己的心态，好好的把"冷板凳"坐热。

人要寻找一片适合的天地本不容易。因此，只要你喜欢自己的"球队"，"冷板凳"也不妨坐定下来。上场竞技固然好，坐"冷板凳"也不要沮丧。运用以下方法，或许可以把"冷板凳"坐热。

首先，提高自己的能力。在不受重用的时候，正是你广泛收集、吸收各种信息的最好时机。能力提高了，当机会一来，便可跃得更高，表现得更亮眼！而在坐"冷板凳"的期间，别人也正好观察你。如果你自暴自弃，那么恐怕要坐到结冰，而且恶评一起，恐怕就永无翻身的机会了。

其次，以谦卑来建立良好的人际关系。你坐"冷板凳"，有些人巴不得你永远不要站起来！所以要谦卑，虚心。

再者，要更加敬业，一刻也不疏忽。即使你做的是小事，也要一丝不苟地做给别人看。别忘了，很多人正"冷眼旁观"，给你打分数。

十年面壁图破壁。坐"冷板凳"正是训练自己耐性，磨炼自己心态的一个机会。所谓"三年不鸣，一鸣惊人"。不过，在此需要强调的是，坐"冷板凳"的前提是对你所在的"球队"有信心，否则，不如离去好。

巧妙化解与上级的误会

小王是几年前从基层调到宣传部的，方部长是一个求才若渴的人，见小王在报纸上发表的文章文笔不错，就多方跑动，终于将一个人才网罗到自己的麾下。六年后，由于小王能干精明，厂里调他到厂办公室工作，厂办主任也很喜欢他。

过了不久，小王忽然觉得，方部长似乎对自己有点看法，关系有渐渐疏远的感觉。底下一了解，才知道原来方部长和厂办主任有隔阂。方部长认为，小王已经是厂办主任的人了，有点忘恩负义。误解的形成很简单，一次下雨，中层干部开会，小王拿着雨伞去接上级，只发现雨中的厂办主任，却没看见站在门口躲雨的方部长，这雨中送伞就送出误解来了。

盛怒之下，方部长对信得过的人说，怪他当初看错人了，没想到小王是一个势利小人，见利忘义。时间不长，话传到小王的耳朵里了，他这才意识到已经被误解，问题严重。

这可怎么办呢？小王真有点为难了。

我们来看小王是如何化解他与上司的矛盾的。

首先，每当有人说起小王与方部长的关系时，小王总是否认两个人之间有矛盾。这样做可以一方面向方部长表明自己的人品；另一方面可以制止误解的继续扩大化，便于缓和与方部长的关系。

其次，小王和方部长在工作中经常打交道，他总是先向部长问好，不管对方理与不理，脸上总是笑嘻嘻的。逢到工作上的宴请时，一起招待客人，小王总是斟满酒杯，当着客人的面向方部长敬酒，并公开说明是方部长培养和提拔自己，自己才有了今天的长进。小王不仅是对客人介绍，更重要的还是一种心灵表白，表示了并非忘恩负义的小人，最后，方部长终于和小王和好如初。

在多个领导手下工作，如果不注意自己的言行，说不定会在不经意中得罪某位领导。假如是领导误解了你，你就要想办法消除误解。不然的话，会不利于你的工作。而消除领导的误解，要从以下五个方面努力：

1. 在公开场合注意尊重领导

即使领导误解了你，在公开场合仍要尊重他。见面要主动打招呼，不管他的反应如何，你都要微笑着和他讲话，使他意识到你对他的尊重。这样，他对你的误解便会慢慢消除。

2. 背后注重褒扬领导

虽然领导的误解使你不舒服，但在背后不应讲他的不是，而应经常在背地里对别人说他的好处。这样可以通过别人之嘴替自己表白真心。假若对方知道了你背地里褒扬他，肯定会高兴的，这样更利于误解的消除。

3. 领导遇到困难的时候帮他一把

谁都有遇到困难的时候，如果此时你不是隔岸观火，看领导的笑话，而是挺身而出，帮他一把，使他摆脱困难，一定会令他大为感动的。

4. 找准机会尽释前嫌

待领导对自己慢慢有了好感之后，可以找一个合适的机会，请教领导在哪些方面对自己有看法。弄清了领导误解的原因后，你可以耐心地向他解释，证明你并不是有意的。只要你是坦诚的，领导不会不接受你的解释。

5. 经常加强感情交流

误解消除后，并不是就万事大吉了。要经常找理由与领导进行情感交流，培养你们之间的友谊。

胡先生是某大公司技术开发部的一个主管，具有相当的专业知识与工作能力，于 2005 年年初被委派筹建一个子公司，担任经理的职务。

胡先生走马上任后，披星戴月、雷厉风行、不辞劳苦，将筹建公司的大大小小事情在三个月内办妥当。三个月后，公司正式开张。

胡先生筹建的公司开张后的最初两三个月，运营得十分艰难。为了拓展客户范围，胡先生亲自带队，一个一个公司地拜访，常常今天北京、明天上海的跑，几乎没有星期天的概念。三个月后，胡先生所负责的公司逐渐赢利，而后利润以每月 20% 递增。

到 2005 年年底，胡先生所负责的公司已经是十分红火的景象：从业人员从 10 人增加到 60 人，固定资产从最初的 80 万元发展到 1000 万元。

随着胡先生的成功，荣誉接踵而来。胡先生的顶头上司——技术开发部的部长李先生，在正式或私下场合，总是把胡先生的成功，大包大揽到自己身上，归功于自己的领导有方。

胡先生对李先生的此等行为深恶痛绝，逢人便讲李先生的无德与无能。

2006 年 8 月中旬，在一次例行的税收物价检查中，上级检查部门发现胡先生负责的公司有一笔漏税行为，并通知补税交款。这件事本来只属于工作疏忽，性质不算严重。但李先生却死死抓住这一点，小题大做，打报告给总公司高层领导，力述胡先生严重影响了总公司的声誉，应该引咎辞职。

高层领导虽然怜爱胡先生的才干，但考虑到子公司的工作均已上正轨，便宣布将胡先生调回技术开发部。

顶撞上司是下属目无上司的一个表现。有些人采取的办法是：向上司"叫板"！但不知这些人想过没有，如果过于计较一些小的得失，就可能导致全盘失败，尤其特别看重眼前利益，可能导致更大的损失。

当你不得不留在一个集体中时，必须学会忍耐不如意的领导。另外，与上司争功也是下属目无上司的一种表现。

老子有这样一句话："大巧若拙，大辩若讷"。意思是聪明的人，平时看着很呆，虽然能言善辩，却好像不会说话一样，也就是说人要匿壮显弱，大智若愚。

工作中嫉贤妒能的领导有，他们不能容忍下属超过自己，他们必须保持自己在集体中的权威地位，即使他水平很低，华君武的漫画《武大郎开店》，讽刺的就是这样的领导。

工作中有这样的员工，他们对平庸的上司十分不满，怨天尤人，就是好的上司，他们也常感不舒服，逆反心理很重。上司的奖励，他们会看作是拉拢人心，上司禁止的事情，他们偏要做。

其实，要创造和谐的与上司之间的关系，就该去掉你的逆反心理！

谨防越位行事

越位是足球比赛的一个专用术语。在千变万化的职场生涯中，上班族也应对越位有一个明确的了解与认识。

一般来说，下属在与上司的相处过程中，其行为与语言超越了自己的位置，就叫越位。下属的越位分为：决策越位、角色越位、程序越位、工作越位、表态越位、场合越位以及语气越位。

处于不同层次上的人员的决策权限是不一样的，有些决策是下属可以做出的，有些高层决策必须由领导做出。如果下属按自己的意愿去做必须应由领导决策的工作，这就是决策越位。

罗先生是某厂分管生产建设的副厂长，而吴女士是基建科的科长，该厂准备建一座新厂房，需从两个设计单位中选择一家设计单位来设计该厂房。按厂里的工作程序，应由罗副厂长牵头共同确定设计单位后，再由基建科长吴女士具体组织实施，但甲设计单位通过熟人找到吴女士后，希望能够承担该工程的设计，吴女士为了讨好设计单位，表示她本人同意由甲单位设计，但需罗副厂长也持此同样意见。甲设计单位领导为了给曾是自己学生的罗副厂长一些压力，就将吴女士的话告诉给罗副厂长。罗副厂长虽然本来也同意由甲单位设计该厂房，但对吴女士这种变相的决策越位做法十分不满，从此对基建科长吴女士心存不满。

有些场合，如宴会、应酬接待，上司和下属在一起，应该适当突出上司，不能喧宾夺主，如果下属张罗过欢，过多炫耀自己，就是角色越位。

胡女士是一位不善言谈、性格内向的私营企业家，而她的秘书李小姐则是一位相貌出众、谈吐幽默并具有鼓动力的女中豪杰。在胡女士的创业过程中，李小姐曾立下汗马功劳，可以说，没有李小姐，就没有胡女士今天的企业。但当胡女士和她的秘书李小姐在一起的时候，周围的人员都为李小姐的容貌和才华倾倒，因此言行举止都以李小姐为核心，反而把胡女士当成李小姐的陪衬。在创业时，胡女士对这种现象只能忍受，但在事业有成的今天，胡女士已经忍无可忍，最终两人反目为仇。

有些既定的方针，在上司尚未授意发布消息之前，下属不能私自透露消息。如果抢先透露消息，就是程序越位。

赵先生是某县长的秘书，该县机关幼儿园欲购置一批电子琴，请县长特批一笔经费，经县长办公会研究，同意拨款。但在赵先生和幼儿园园长的一次私人聚会上，赵先生把县长同意拨款的消息先透露给园长。园长知道消息后就给县长打电话，对上级领导对幼儿园的关心和支持表示感谢。县长接完电话后对秘书的做法十分不满，认为秘书没经领导同意就对园长透露消息的做法有抢功之嫌，并觉得此人不可重用。

有些工作必须由上司干，有些工作必须由下属干，这是上司与下属的不同角色。如果有些下属为了显示自己的能力，或出于对上司的关心，做了一些本应由上司干的工作，就是工作越位。

白处长在两年前因舍己救人而广受赞扬，并因此被提拔为他在能力上并不十分胜任的局长岗位，而副局长小王则是一位精明能干、办事果断、为人热情的年轻人。小王看到老白工作起来十分吃力，就帮助他做了很多本应由老白承担的工作。起初，老白对小王还是十分感谢。但随着时间的推移，不管是上级领导还是下属，都觉得小王比老吴更胜任局长的工作。老白心里也有所察觉，并对小王开始不满起来。觉得如果让小王顶替自己的局长位置，自己将会很没面子，加上小王对此种现象又没有采取积极主动的解决办法，老白为了保住自己的局长位置，就将小王调至一个偏僻的小城，美其名曰："增加工作经验。"

表态是人们对某件事情或问题的回答，它是与人的身份相关联的，如果超越自己的身份，胡乱表态，不仅表态无效，而且会喧宾夺主，使领导和下属都陷于被动。

某中学校办公司在某一年度超额完成了年度计划利润，公司领导为了调动大家的积极性，计划给每个人分发3000元的奖金，但按学校规定，需经劳资科批准。由于经理考虑到此奖金标准大大高于学校其他教师的奖金，劳资科长不一定能够批准。因此就在劳资科长到省城开会之时，直接找到和自己关系不错的学校秘书长，秘书长答复公司经理，此奖金可以发，但要等劳资科长出差回来之后再办具体手续。劳资科长出差回来后，感到十分为难，如果不批准，将会影响公司职工的积极性，并引起公司职工对自己的不满；如果批准，将会影响其他教师的积极性。劳资科长只好把情况向校长汇报，校长虽然采取了折中的办法，但校秘书长却很难消除自己在学校领导中留下的不好印象。

有些场合，上司不希望下属在场，下属一定要了解上司有关这方面的暗示，否则就会造成场合越位。

朱博士刚分配到某局办公室任主任，和局长同在一个办公室工作。朱博士发觉走出校门之后，有很多课本之外的东西需要学习，而局长正是一个最好的好老师。局长的谈吐、局长的言行举止、局长的才智，正是朱博士学习的榜样。朱博士想方设法和局长多在一起。有时，局长向朱博士暗示他需要和客人单独谈话，但朱博士还是没有离开的意思，让局长左右为难。有一次，朱博士的一位现任某外资公司总裁的大学同学要和局长进行高层决策的密谈，碍于对大学同学的情面，不得不象征性地邀请朱博士和局长一起用餐。没想到朱博士却真的跟随他们一起去用餐，从而影响了谈判的进度。后来局长把朱博士调出自己的办公室。

在和上司相处过程中，下属如果不重视上司的社会角色，在对外交往过程中，说话过分随便，也往往容易造成语气越位。

小肖大学毕业后分配到某公司办公室工作，公司经理是一个性格开朗、说话随便并容易和大家打成一片的年轻小伙。平时大家在一起，相处得十分融洽。分不出谁是经理谁是职员。但是当公司对外谈判时，小肖还像平时一样，拍着经理的肩膀，大大咧咧地说："老兄，今天去麦当劳还是肯德基？不用怕，我来买单！"这就是一个不当的语气越位。

遭同事排挤怎么办

李斌最近总觉得怪怪的,原先同他话多的同事突然不大搭理他了,中午去楼下的餐厅吃饭也没有人同路和同桌。刚开始李斌没有觉察出来,但这样的情形一再出现,李斌意识到自己正遭受同事的排挤。李斌左想右想也想不通,为什么和谐相处了两年的同事,突然之间对自己冷淡了起来。他想找个同事问个究竟,但找谁呢?同事会说出原因吗?李斌心里没有一点底。

如果有一天,你发现你的同事突然一改常态,不再对你友好,或对你敬而远之,事事抱着不合作的态度,处处给你设难题刁难你,出你的洋相,看你的笑话,你就得当心了。这些信息向你传送了一个重要信号:同事在排挤你。

被同事排挤,必然有其原因。这些原因不外乎以下几种情况。

(1)近来连连升级,招来同事妒忌,所以群起攻之排挤你。

(2)你刚刚上班,有着令人羡慕的优越条件,包括高学历、有背景、相貌出众,这些都有可能让同事妒忌。

(3)聘你的人是公司里人人讨厌的人物,因此连你也受牵连。

(4)衣着奇特、言谈过分、爱出风头,令同事却步。

(5)过分讨好上级而疏于和同事交往。

(6)妨碍了同事获取利益,包括晋升、加薪等可以受惠的事。

你的情况如果是属于(1)(2)项,情况很自然,只要平日对人的态度和蔼亲切,久而久之便会乐于和你交往。另外,你可以培养自己的聊天能力,通过聊天改变同事对你的态度。

你的情况如果属于第（3）项，只有等机会向同事表示，自己应聘主要是喜爱这份工作，与聘用你的人无关，与他更不是亲戚关系。只要同事了解到你不是"密探"身份，自然会欢迎你的。

你的情况如果是属于第（4）、（5）项，那么便要反省一下，因为问题是出在你自己身上，想要让同事改变看法，只有自己做出改善。平时不要乱发一些言论，要学会当听众，衣着也应切合身份，既要整洁又要不招摇，如果你为了出风头而身着奇装异服招摇过市，会令同事们把你当成敌对的目标。

如果是属于第（6）项，你要注意你做事的分寸。升职、加薪、条件改善甚至领导一句口头表扬都是同事们想获得的奖励，争夺也在所难免，虽然大家非常努力地工作，但彼此心照不宣，谁不想获得奖励呢？

一个人想在工作中面面俱到，谁也不得罪，谁都说你好，那也是不现实的。因此，在工作中与其他同事产生种种冲突和意见是很常见的事，碰到一两个难相处的同事也是很正常的。

但同事之间尽管有矛盾，仍然是可以来往的。首先，任何同事之间的意见往往都是起源于一些具体的事件，而并不涉及个人的其他方面，事情过去之后，这种冲突和矛盾可能会由于人们思维的惯性而延续一段时间，但时间一长，也会逐渐淡忘。所以，不要因为过去的小矛盾而耿耿于怀。只要你大大方方，不把过去的冲突当一回事，对方也会以同样豁达的态度对待你。

其次，即使对方仍对你有一定的歧视，也不妨碍你与他的交往。因为在同事之间的来往中，我们所追求的不是朋友之间的那种友谊和感情，而仅仅是工作，是任务。彼此之间有矛盾没关系，只求双方在工作中能合作就行了。由于工作本身涉及双方的共同利益，彼此间合作如何，事情成功与否，都与双方有关。如果对方是一个聪明人，他自然会想到这一点，这样，他也会努力与你合作。如果对方执迷不悟，你不妨在合作中或共事中向他点明这一点，以利于相互之间的合作。

因为你与大多数人的关系都很融洽，所以你可能会觉得问题不在于你这一方；你甚至发现其他人也和他有过不愉快的经历，于是大家都不约而同地将矛头指向了那个人，所以你会认为是他造成这种不融洽局面的。那么，怎样才能够改变这种局面、改善彼此的关系呢？

你不妨尝试着抛开过去的成见，更积极地对待这些人，至少要像对待其他人一样对待他们。一开始，他们也许会心存戒意，但耐心些，没有问题的，因为将过去的积怨平息的确是件费功夫的事。你要坚持善待他们，一点点地改进，过了一段时间后，表面上的问题就消失了。

也许还有深层的问题，他们可能会感觉你曾在某些方面怠慢过他们，也许你曾经忽视了他们提出的一个建议，也许你曾在重要关头反对过他们，而他们将问题归结为是你个人的原因；还有可能你曾对他们很挑剔，而恰好他们听到了你的话，或是听有一些人转述了你的话。

那么，你该做些什么呢？如果任问题存在下去，将是很危险的，它很可能在今后造成更恶劣的后果。最好的方法就是找他们沟通，并确认是否你不经意地做了一些事得罪了他们。当然，这要在你做了大量的内部工作，且真诚希望与对方和好后才能这样行动。

他们可能会说，你并没有得罪他们，而且会反问你为什么这样问。你可以心平气和地解释一下你的想法，比如你很看重和他们建立良好的工作关系，也许双方存在误会等等。如果你的确做了令他们生气的事，而他们又坚持说你们之间没有任何问题时，责任就完全在他们那一方了。

或许他们会告诉你一些问题，而这些问题或许不是你心目中想的那一个问题，然而，不论他们讲什么，一定要听他们讲完。同时，为了能表示你听了而且理解了他们讲述的话，你可以用你自己的话来重述一遍那些关键内容,例如,"也就是说我放弃了那个建议,而你感觉我并没有经过仔细考虑,所以这件事使你生气。"当你了解了症结所在,就可以找到了可以重新建立良好关系的切入点,但是,良好关系的建立应该从道歉开始,你是否善于道歉呢?如果同事的年龄资格比你老,你不要在事情正发生的时候与他对质,除非你肯定自己的理由十分充分。更好的办法是在你们双方都冷静下来后解决,即使在这种情况下,直接地挑明问题和解决问题都不太可能奏效。你可以谈一些相关的问题,当然,你可以用你的方式提出问题。如果你确实做了一些错事并遭到指责,那么你要重新审视那个问题并要真诚地道歉。类似"这是我的错"这种话是可能创造奇迹的。

竞技场上比赛开始前,两人都要握手敬礼或拥抱,比赛后再来一次,这是最常见的"当众拥抱你的敌人"的一种方式。

人与人之间或许会有不共戴天之仇,但在办公室里,这种仇恨一般不至于激化到那种地步。毕竟是同事,都在为着同一家单位工作,只要矛盾还没有发展到你死我活的地步,总是可以化解的。记住:敌意是一点一点增加的,也可以一点一点消失。中国有句老话:"冤家宜解不宜结"。同在一家公司谋生,低头不见抬头见,还是少结冤家比较有利于自己。不过,化解敌意需要技巧。

1. 别让自己高高在上,以免招致嫉妒

嫉妒是基本人性之一,只不过有的人会把嫉妒表现出来,有的人则把嫉妒深埋在心底。

嫉妒是无所不在的,朋友之间、同事之间、兄弟之间、夫妻之间、亲子之间,都有嫉妒的存在,而这些嫉妒一旦处理失当,就会形成足以毁灭一个人的烈火。不过,这里只谈朋友、同事之间的嫉妒。

朋友、同事之间嫉妒的产生大都是因为以下情况,例如:"他的条件又不见得比我好，可是却爬到我上面去了。""他和我是同班同学，在校成绩又不如我好，现在竟然比我发达，比我有钱！"……换句话说，如果你升了官，受到上司的肯定或奖赏、获得某种荣誉时，那么你也有可能被同事中的某一位（或多位）嫉妒。

女人的嫉妒会表现在行为上，说些"哼，有什么了不起"或是"还不是靠拍马屁爬上去"之类的话，但男人的嫉妒通常埋在心里，更有甚者，则开始跟你作对，表现出不合作的态度。

因此，当你一朝得意时，你应该注意几件事：

（1）同单位之中有无资历、条件比你好的人落在你后面？因为这些人最有可能对你产生嫉妒；

（2）观察同事们对你的"得意"在情绪上产生的变化，以便得知谁有可能嫉妒。一般来说，心里有了嫉妒的人，在言行上都会有些异常，不可能掩饰得毫无痕迹，只要稍微用心，这种"异常"很容易发现：

而在注意这两件事的同时，你也要做这些事情：

（1）不要凸显你的得意，以免刺激他人，升高他的嫉妒，或是激起本来不嫉妒你的人的嫉妒；你若过于洋洋得意，那么，你的欢欣必然换来苦果；

（2）把姿态放低，对人更有礼，更客气，千万不可有轻视对方的态度，这样可降低别人对你的嫉妒，因为你的低姿态使某些人在自尊方面获得了满足；

（3）在适当的时候，适当显露你无伤大雅的短处，例如不善于唱歌，字写得很差等等，好让嫉妒的人心中有"毕竟他也不是十全十美"的幸灾乐祸的满足；

（4）和心有嫉妒的人沟通，诚恳地请求他的配合，当然，也要赞扬对方有而你没有的长处，这样或多或少可消除他的嫉妒。

遭人嫉妒不是好事，因此，必须以低姿态来化解。而话说回来，嫉妒别人也不是好事，如果你有嫉妒之心，又无法加以消除，那么，千万不要让它转变成破坏的力量，因为这种力量伤人也会伤已，而且嫉妒也会阻碍你的进步。因此，与其嫉妒，不如想法赶上对方，甚至超越对方。

2. 人在屋檐下，一定要低头

老祖先有一句话："人在屋檐下，哪能不低头"，这句话是相当有智慧的。

所谓的"屋檐"，说明白些，就是别人的势力范围。换句话说，只要你处于这势力范围之中，并且靠这势力生存，那么，你就是在别人的"屋檐"下了。这"屋檐"有的很高，任何人都可抬高头站着，但这种屋檐毕竟不多，以人类容易排斥"非我族群"的天性来看，大部分"屋檐"都是低的。也就是说，进入别人的势力范围时，你会受到很多有意无意的排斥和不明事理、不知从何而来的欺压。除非你有自己的一片天空，是个强人，不用靠别人来过日子。可是你能保证你一辈子都可以如此自由自在，不用在"屋檐"下躲避风雨吗？所以，在人屋檐下的心态就有必要调整了。

总而言之，"一定要低头"的目的是让自己与现实有着和谐的关系，把两者的摩擦降至最低；一是为了保存自己的能量，好走更长远的路；二是为了把不利的环境转化成对你有利的力量，这是人性丛林中的生存智慧。

满怀激情工作

工作数年后，周君越来越感觉工作的无聊与无趣。曾经的理想已经斑驳难辨，曾经的干劲也无处可觅。难道是老了吗？三十出头的人，怎么就那么暮气沉沉？

周君仿佛是那个做一天和尚撞一天钟的人，却偏偏心中偶尔会泛起不甘。他游走在极度的无聊却深沉的苦痛当中，他不知道自己该怎么办。

每天在茫然中上班、下班，到了固定的日子领回自己的薪水，高兴一番或者抱怨一番之后，仍然茫然地去上班、下班……什么是工作？工作是为什么？可以想象，周君这样的人，他们只是被动地应付工作，为了工作而工作，他们不可能在工作中投入自己全部的热情和智慧。他们只是在机械地完成任务，而不是去创造性地、自动自发地工作。

当我们踩着时间的尾巴准时上下班时，我们的工作很可能是死气沉沉的、被动的。当我们的工作依然被无意识所支配的时候，很难说我们对工作的热情、智慧、信仰、创造力被最大限度地激发出来了，也很难说我们的工作是卓有成效的。我们只不过是在"耗日子"或者"混日子"罢了！

其实，工作是一个包含了诸多智慧、热情、信仰、想象力和创造力的词汇。卓有成效和积极主动的人，他们总是在工作中付出双倍甚至更多的智慧、热情、信仰、想象力和创造力，而失败者和消极被动的人，却将这些深深地埋藏起来，他们有的只是逃避、指责和抱怨。

工作首先是一个态度问题，是一种发自肺腑的爱，一种对工作的真爱。工作需要热情和行动，工作需要努力和勤奋，工作需要一种积极主动、自动自发的精神。只有以这样的态度对待工作，才可能获得工作所给予的更多的奖赏。

应该明白，那些每天早出晚归的人不一定是认真工作的人，那些每天忙忙碌碌的人不一定是出色地完成了工作的人，那些每天按时打卡、准时出现在办公室的人不一定是尽职尽责的人。对他们来说，每天的工作可能是一种负担、一种逃避，他们并没有做到工作所要求的那么多、那么好。对每一个企业和老板而言，他们需要的绝不是那种仅仅遵守纪律、循规蹈矩，却缺乏热情和责任感，不能够积极主动、自动自发工作的员工。

工作不是一个关于干什么事和得什么报酬的问题，而是一个关于生命的问题。工作就是自动自发，工作就是付出努力。正是为了成就什么或获得什么，人们才专注于什么，并在那个方面付出精力。从这个本质的方面说，工作不是人们为了谋生才去做的事，而是用生命去做的事！

成功取决于态度，成功也是一个长期积极努力的过程，没有谁是一夜成名的。所谓的主动，指的是随时准备把握机会，展现超乎他人要求的工作表现，以及拥有"为了完成任务，必要时不惜打破常规"的智慧和判断力。知道自己工作的意义和责任，并永远保持一种自动自发的工作态度，为自己的行为负责，是那些成就大业之人和凡事得过且过之人的最根本区别。

明白了这个道理，并以这样的眼光来重新审视我们的工作，工作就不再成为一种负担，即使是最平凡的工作也会变得意义非凡。在各种各样的工作中，当我们发现那些需要做的事情——哪怕并不是分内的事的时候，也就意味着我们发现了超越他人的机会。因为在自动自发地工作的背后，需要你付出的是比别人多得多的智慧、热情、责任、想象力和创造力。

热忱，是指一种热情的种子深植入人的内心而生长成一棵勃勃生机的参天大树。拿破仑·希尔喜欢称之为"抑制的兴奋"。如果一个人内心充满做事的热忱，就会兴奋。这种兴奋从眼睛、面孔、灵魂以及整个为人多个方面辐射出来，使精神振奋。

热忱是一把火，它可燃烧起成功的希望。要想获得这个世界上的最大奖赏，你必须拥有过去最伟大的开拓者将梦想转化为全部有价值的献身热忱，来陪伴自己走过长长的探索之路。

塞缪尔·斯迈尔斯的办公桌上挂了一块牌子，他家的镜子上也吊了同样一块牌子，巧的是麦克阿瑟将军在南太平洋指挥盟军的时候，办公室墙上也挂着一块牌子，上面都写着同样的座右铭：

信仰使你年轻，

疑惑使你年老；

自信使你年轻，

畏惧使你年老；

希望使你年轻，

绝望使你年老；

岁月使你皮肤起皱，

但是失去了热忱．

就损伤了灵魂。

这是对热忱最好的赞词。培养并发挥热忱的特性，我们就可以对我们所做的每件事情，加上火花和趣味。

一个热忱的人，无论是在挖土，或者经营大公司，都会认为自己的工作是一项神圣的天职，并怀着深切的兴趣。对自己的工作热忱的人，不论工作有多少困难，或需要多大的训练，始终会一如既往地向前迈开步子。只要抱着这种态度，你的想法就不愁不能实现。爱默生说过："有史以来，没有任何一件伟大的事业不是因为热忱而成功的。"事实上，这不是一段单纯的话语，而是迈向成功之路的指标。

实际上，热忱与内在精神的含义基本上是一致的。一个真正热忱的人，他的内心熠熠发光，一种炙热的精神就会深深地植根于人的内在思想中。

无论是谁心中都会有一些热忱，而那些渴望成功的人们的内心世界更像火焰一样熊熊燃烧，这种热忱实际上是一种可贵的能量，用你的火焰去点燃别人内心热忱的火种，那么，你又向成功迈进了一大步。

纽约中央铁路公司前总经理有一句名言："我愈老愈加确认热忱是胜利

的秘诀。成功的人和失败的人在技术、能力和智慧上的差别并不会很大，但如果两个人各方面都差不多，拥有热忱的人将会拥有更多如愿以偿的机会。一个人能力不够，但是如果具有热忱，往往会胜过能力比自己强却缺乏热忱的人。"

不过，热忱不是面子上的功夫，如果只是把热忱溢于表面而不是发自内心，那便是虚伪的表现。如果这样，往往不能使自己获得成功，反而会导致自己失去成功的机会。

因此，训练热忱的方法是订出一份详细的计划，并依照计划执行，培养对热忱的持久感受，尽量使人的热忱上升，不使人的热忱逐渐下坠。

现在，告诉你如何建立"热忱加油站"，使你满怀工作热忱：

首先你要告诉自己，你正在做的事情正是你最喜欢的，然后高高兴兴地去做，使自己感到对现在的事业已很满足。其次，是要表现热忱，告诉别人你的事业状况，让他们知道你为什么对自己的事业感兴趣。

转行要三思而后行

转行看来容易，真正下定决心去做，却很困难。对于老本行，也许你的内心早已没有了激情，离开它也不会有丝毫留恋。但舍弃一个轻车熟路的行业，去开拓一个有些陌生的行业，任何人都会有些踌躇与犹豫的。

不管身处哪个行业从事何种工作，我们每个人都必须要赚钱过日子，以使自己免受饥寒。因此检查自己目前的职业角色，评估自己从中能获得多大的满足，将有助于规划个人成功的人生。

我们要永远清醒地认识到，没有一种职业是十全十美的。对于职业的满足与否，应基于个人的事业原动力，以及是否能因此项职业使自己获益。

我们有必要仔细评估自己目前的职业，以便发现这项职业是否能给予我们满足感，是否具有发展机会。

职业对从业者的影响很大，从某个角度来看，职业是耗时间并局限人的事。例如送信的邮递员，可能十年如一日，每天早起挨家挨户送信，而他全部生活就是环绕这个邮递责任所构成。所以，职业也可说是一个框，它在无形中限制了从业者的行动范围。

满足的可能，是建立在职业的结构中。以超级市场的收银员为例，她每天站在收银机旁8个小时，敲打一大堆数字。尽管这工作与许多人接触，却很少有能够表现她个人创意和个性的机会。

由此可见，我们有必要十分谨慎地选择自己所想从事的职业，并及早看清楚此项职业是否提供我们满足的可能，如果做不到这一点，便可能会阻碍我们的发展。有一位制图员说："我的日子都是坐在制图桌旁，设计制造一些造型。随着时间的流逝，这工作便越来越显得没有意义，而且将我与别人完全隔绝。"

据统计，差不多有90%的人都会对他们工作的某方面感到不满。主要的不满，皆与工作要求和与个人当时的事业原动力相背有关。

刚刚走向社会的年轻人，第一个工作大多是在匆忙之中选定的。为了生活，顾不了那么多。这个工作一日一日地做下去，一年两年过去了，人头熟了，经验也有了。有的从此安安分分地上他的班，最多换换新的公司，为自己寻求较好的待遇和工作环境；有的则运用已经学到的经验，自己创业当老板；有的则转行，到别的天地试试运气。

转行的想法80%以上的人都有过，光是想当然没什么关系，如果真的要转行，那么一定要考虑几个因素：

（1）我的本行是不是没有发展了？同行的看法如何？专家的看法又如何？如果真的已没有多大发展，有没有其他出路？如果有人一样做得好，是否说明了所谓的"没有多大发展"是一种错误的认识？

（2）我是不是真的不喜欢这个行业？或是这个行业根本无法让我的能力得到充分的发挥？换句话说：是不是越做越没趣，越做越痛苦呢？

（3）对未来所要转换行业的性质及前景，我是不是有充分的了解？我的能力在新的行业是不是能如鱼得水？而我对新行业的了解是否来自客观的事实和理性的评估，而不是急着要逃离本行所引起的一厢情愿式的自我欺骗？

（4）转行之后，会有一段时间青黄不接，甚至影响到生活，我是不是做好了准备？

如果一切都是肯定的，那么你可以转行！

报载一位大学毕业生，他的工作很令人感到意外，是一家果菜公司的搬运工人。他说他六年前从学校毕业，一时找不到工作，便经人介绍到蔬菜公司当临时工，赚些零用钱。渐渐的，这位"天之骄子"习惯了那份工作和周围的环境，也就没有积极去找别的工作，于是一做就是6年，现在年近30，由于长期与蔬菜打交道，不仅知识未能跟上时代，连老本也丢得差不多了。他说："换工作，谁会要我呢？我又有什么专长可以让人用我呢？"目前，他仍在蔬菜公司当搬运工人。

对这个例子，也许你会说，转行有什么难？说转就转啊！

也许你是可以说转就转的人，但恐怕绝大部分的人都做不到，因为一个工作做久了，习惯了，加上年纪大了些，有了家庭负担，便会失去面对新行业的勇气；因为转行要从头开始，怕影响到自己的生活，另外，也有人心志已经磨损，只好做一天算一天；有时还会扯上人情的牵绊、恩怨的纠葛，种种复杂的原因，让"人在江湖，身不由己"。其实行行出状元，并没有哪个行业不好，哪个行业才好，那在此为什么又提醒你"千万别入错行"呢？这里只是提醒你，找工作要睁亮眼，找适合自己的工作，找自己喜欢的工作，找有前途的工作，千千万万别因一时无业，怕人耻笑而勉强去做自己根本不喜欢的工作！人总是有惰性的，不喜欢的工作做个一两个月，一旦习惯了，就会被惰性套牢，不想再换工作了。人一日复一日，倏忽三年五年过去了，那时要再转行，就更不容易了。

另外一点是，千万别涉入非法行业，这种行业虽然有可能让你一夜暴富，但事实上却是在刀口上行走，……

不过如果你不慎"入错行"，也有心转行，那么就要铁了心，毅然地转，否则岁月不饶人，你只能在不适合的行业里越走越远。

第五章
怎么走出婚恋的困境

第三篇
溶液的连续出生论

一直以来，人们都把爱情捧上了神坛，却将婚姻踩到了脚底。关于爱情的美好，艺术家们用尽了天下最美好的词语。对于婚姻，什么"婚姻是爱情的坟墓""婚姻是人生的火炕"，而说得有哲理味儿的是："婚姻是一座围城：城外的人想冲进去，而城里的人想挤出来。"

面对婚姻的围城，无论是想冲进去还是想挤出来的人，都不要把婚姻当成了解决自己人生问题的一个手段。以为通过结婚或者离婚就能让自己过得幸福，但最终发现，城里有城里的麻烦，城外有城外的苦恼，哪里都不是完美的天堂。

假如你选择了独身，不要因为是对异性和感情的失望。出于失望的独身者，依然会被感情困扰、寂寞烦恼。独身需要意志的坚定和心灵的强大与独立，并不比结婚更容易做到。如果你发现渴望家庭的温暖，愿意接受责任的约束，那么，就要对感情和婚姻报以积极的态度。不要盲目地因为浪漫激情或者实用目的进入婚姻，应该寻找和自己的性格能够产生互补，并且支持自己人生理想的人携手相伴。

在徐帆和陈建斌主演的电视连续剧《结婚十年》里，他们"夫妻"在结婚的"十年"中：第一年，男人和女人结婚了；第二年，他们有孩子了；第三年，为了帮他们带小孩，妈妈来了；第四年，下岗了；第五年，为了生存下海做生意，出事了；第六年，总算是有点钱了；第七年，丈夫"在外头有人了"；第八年，分居了；第九年，破产了；第十年，在那幢曾装满他们爱情的、即将拆迁的筒子楼里，两人又重逢了……也许并不是所有的婚姻都是如此，毕竟"幸福的家庭都是相似的，不幸的家庭各有各的不同"。

必须承认：婚姻没有爱情那么唯美。但我们放下高谈阔论直面生活的时候又会发现，没结婚的大都希望谈恋爱，盼着早结美满良缘；结了婚的生儿育女买房购车，小日子过得有滋有味儿，当然，也有占婚姻总数10%的人离婚了，但仔细一想，这是婚姻本身的错吗？

杜绝办公室恋情

在一家贸易公司上班的白领杜娟最近陷入了一场办公室恋情。随着两人感情的升温，他们在甜蜜之余不由得有些恐慌。他们既不愿放弃对方，又怕因办公室恋情而导致一方失去工作。

十步之内，必有芳草。虽然上班一族生活圈子狭窄，容易跟同事日久生情，但从多方面考虑，办公室恋爱还是要尽量避免。

不是怕被同事取笑，那是小事而已。打得火热的恋人，恨不得马上公开关系，任由人家指指点点，将自己的甜蜜分享出去。只是办公室内有太多的利益关系，容易让爱情渗入杂质。情侣一同工作会引来很多不便、尴尬，又会因工作上的意见分歧而影响感情，公私不分，徒生枝节。

日夜相见表面上是好事，实则处处被人监视，一举一动都不自然。有时候，男人赞美女同事的新发型，本来是很不错的人际润滑剂，但给女朋友看见了，一场酸风醋雨就会来临。

所以，办公室恋情常常导致工作伦理的扭曲和破坏，一旦有了瓜葛，往往后患无穷。

没有人能否认，办公室的确是容易培养恋情的极佳空间。假如名花无主的女士有幸目睹一位潇洒的男士工作起来干练、自信的模样，很难不对他产生倾慕；同样，如果血气方刚的男士看到一位仪态优雅、容貌秀丽的女士坐在你对面，恐怕也很难忍住对她心神向往。

虽然人人皆知办公室恋情绝对存在，但是，奇怪的是这类事情的结局大多是只开花不结果，常常最后不欢而散。而且，男女当事人动不动就变成众矢之的，公司里负面的批评永远大于正面的肯定。如果两个人都是单身，情况还稍微好些，假如其中一个已婚，那局面就复杂多了！一旦对方家属闹起来，保不准让你的风流韵事满世界地飞。

此外，办公室恋情容易受到质疑，主要是因为有违工作伦理。因为，"公平、公正、客观"很可能会在两人的私人关系中被质疑。

你或许会不以为然地反驳："自己可以不受私情影响，绝对可以做到公私分明。"不过，到了那个时候，恋情是否真的会影响工作精神与办事能力，通常已经变得不重要了。重要的是，周围的同事与上司究竟如何看待这件事，因为，他们总是把自己认定的标准当成真正的事实。

一般而言，多数单位都不喜欢内部出现任何形式的男女关系（外企工作的白领尤为注意），老板不会欣赏那些没有把精力全部放在业务上的人。很多公司甚至明文规定禁止员工谈恋爱，任何触犯禁忌的人都要被迫换工作。某些作风开明的公司，则规定在工作位阶上不得为直属关系，万一真的遇到这种状况，其中一人必须调到其他部门。

此外，万一两人的爱情关系不幸破裂，最大的坏处就是一旦分手就非常尴尬。跟同事谈恋爱，分手后仍然被迫见面，是很难受的一件事。如果有人事后到处嚷嚷，说坏话，那就会影响自己的饭碗。

管理专家指出，办公室恋情之所以危险，主要是受限于工作场所的政治性和人际关系的结构。办公室毕竟不比在家里，在强调阶层和地位的办公室里谈恋爱绝对是危险的。人际关系专家欧恩·爱德华耳提出警告说："办公室爱情比办公室政治更需要高明的技巧、冷静的头脑，否则，无法保得百年身。"

有道是：爱我所爱，无怨无悔。虽然是生长在办公室这样一种崇尚理性与效率的土壤里，这样的恋情被打上更多的问号，但爱情还是防不胜防地降临在你的头上。该怎么办呢？

首先，你需要慎重考虑：你喜欢对方什么，是因为他外貌吸引人；还是因为他工作的样子吸引你？如果你不能确定自己对他能有全方面的了解，那么，还是慢一点行动的好。想一想，万一所托非人，丢了心，又丢了工作，怎么办？

倘若是真心相恋，相恋之初尽量不要使恋情暴光。两人可以相互提醒对方，别在办公室里谈恋爱，把保密措施做到最好，争取不留任何蛛丝马迹，也就没有后顾之忧。

热恋之中的男女，总是会有一些甜蜜的举动。不过你们在办公室中绝对不要眉来眼去、打情骂俏，尽量保持如以前一样正常上班的状态。就算你们的恋情已经公开并幸运地得到了公司的允许与同事的祝福，你们也不要做出这样的举动。

一般来说，办公室恋情较难得到老板的认可。如果这段恋情对你很重要，而这份工作对你同样重要，两者之间很难取舍，而恋情又不可能永久处于"地下工作"，总会有结婚的那一天的。这个时候，建议可以和老板主动沟通，申请调换部门或调换别的不会因为你们的恋情而影响工作的岗位。这种方式远比老板炒你们其中一个要坦诚与主动得多。也许有人会认为恋爱自由、婚姻自由，老板无权因为两人的恋爱与结婚而炒人，但事实上，老板要一个人走，不用"炒"的方法，变相地"撵"走一个人是很容易的。因此，你必须掌握主动，力争老板的帮助。

如果老板最终无法帮你，你们就该商量谁牺牲自己的工作转职了。关于谁去谁留的问题，也可以和老板坦诚商量。因为老板留下的人，相对来说更有发展前途。在这个问题上，走的一方必须走得无怨无悔。

如果两人的恋情"不幸生于办公室、死于办公室"，无论是谁对谁错、谁负心了，任何一方都应该保持基本的礼貌，打消报复对方的念头。在分手之后，不要对同事喋喋不休地批判昔日恋人的人格或是他（她）的工作，这都会让人觉得你是一个彻头彻尾的失败者。即使你在心里面诅咒了对方一万遍，也必须工作中做到对他（她）礼貌而客气。就算他（她）离开了公司，你也不能在公司同事埋怨不已。否则，你得到的只是别人的鄙夷。

提高情商的 7 个技巧

"他从来没有真心地爱过我，只会逢场作戏，欺骗我的情感……"一位刚失恋的女孩眼泪汪汪地对心理咨询师述说男朋友的种种恶行。

"别太难过了。"心理咨询师安慰她说，"这算不幸中的大幸，他离开你是因为不再爱你；试想：如果他不离开你，你就要和一个不爱自己的人结婚甚至生活一辈子，你不就更惨了！"

"也是，"那个女孩回道，"但失去了一份感情，我总不甘心！"

心理咨询师说，"一段欺骗的情感、一场没有爱的婚姻、一个没有幸福的未来，你认为你能从中得到什么？"

受害者的特征之一，就是无法认知事情虽有不幸或糟糕的一面，但也有好的一面。

失恋就是与一个不适合你的人分手——不管是你不适合他还是他不适合你，总之都是不适合，那有什么好呢？

再找一个更适合你或更爱你的人，不是更好吗？

"说到底，爱情是超越成败的。爱情是人生最美丽的梦，你能说你做了一个成功的梦或失败的梦吗？"这是作家周国平先生的话，无论我们的爱情是什么状况，用这句话来鼓励和安慰自己都不失为聪明之举。

现代的爱情似乎处于快餐时代，一些骨子里有传统思想的人，要想在现代爱情中游刃有余、进退自如，需要提高自己的爱情智商。《中国妇女报》的周俭为读者列出了以下7条意见，我们摘录如下：

1. 相信爱情，但不迷信爱情

相信天长地久海枯石烂的爱情是存在的，但期望它会超越一切是不现实的。爱情会随时间的变化而变化，它的消亡不一定意味失去生命的全部。对爱情作如此认识，可以使我们不迷信爱情，也就不容易受伤绝望。

2. 能进也能出

投入的时候可以忘我，结果出现时该让理性站出来，不论这种结果是婚姻的开始还是爱情的结束，这样才能把握爱情的主动权，不在感情中迷失，所谓"该放手时就放手"。

3. 主动和理性的姿态

守株待兔地等待爱情，一定会错失很多机会，但盲目抢夺爱情，则会损人不利己。以主动的姿态，自信地追求爱情，开放心灵，便会拥有爱情，而不会让爱情因自己的追求失当而葬送。

4. 具有爱的能力

爱的能力包括付出的能力、理解的能力、宽容的能力和自我承担的能力。

不要指望爱人会为我们分担一切，很多东西我们仍然需要独自面对；付出比索取对爱情更有益，也会更使自己快乐；宽容对爱情有出乎意料的效果，用要求、指责、恳求都达不到的目的，但宽容也许可以奏效。

5. 有一点心理弹性

享受爱情的亲密，接受爱人的疏离，松和紧都能悠然掌握。拥有的时候要珍惜，失去了就赶快转弯，不必没完没了地追悼过去，相信新的爱情就在前方。

6. 了解一点爱情心理

似可得又不可得的状态，感情极易升温，利用这一点可以强化爱情气氛；制造一点小障碍，使爱人斗志更高昂；爱人遇到挫折，最需安慰；新鲜花样永远是爱情所需。诸如此类，不一而足，用好了，会形成良性的互相激励态势。

7. 有一点经济基础

虽然物质和爱情不一定成正比，但有一点物质基础绝对有益于爱情的健康生长，不食人间烟火的爱情很难长久。

站在成熟的阶梯上做出选择

为什么有的人不能一次恋爱成功？

人生是个漫长的旅程。在这个旅程中，人们大都要经历若干级人生阶梯。这种人生阶梯的更换不只是职业的变换或年龄的递进，更重要的是自身价值及其价值观念的变化。在"又升高了一级"的人生阶梯上，人们也许会以一种全新的观念来看待生活，选择生活，并用全新的审美观念来判断爱情，因为他们对爱情的感受或许完全不同了。

这种情况在某些影星的生活中常可见到。英格丽·褒曼在其自传《我的故事》中叙述了自己的三次选择伴侣的始末。她的初恋在当时的境况下也是一次满意的恋爱。然而，这位天才少女的奋斗征程和她的价值观念是同步生长的，当她蜚声影坛时，褒曼才找到了她的生活位置和人生价值：她完全成熟了。因而，她水到渠成地做了第二次选择：与同行罗伯托结合。这次选择，对于超级影星褒曼来说，应当说是合情合理的。尽管生活逼迫她做了第三次选择，她的女儿曾断定母亲"不善于选择丈夫"，但褒曼一生的爱情光环都是围绕着与她志同道合的罗伯托。

这种人生的"阶梯性"与爱情心理中的审美效应的变化关系，在许多历史伟人的生活中也可看到。比如歌德、拜伦、雨果等，他们更换钟情对象往往表现了他们对理想的痛苦探求，同现实发生冲突所引起的失望，和试图通过不同的人来实现自己的理想形象的某些特点的结合。

虽然更换钟情对象有时是可以理解的，但是，这种选择给人们带来的痛苦也是显而易见的。因而，人们应该尽可能在较成熟的阶梯上做一次性的选择。那种小小年纪便将自己绑在某一个异性身上的做法，显然是不足取的。

夫妻吵架没有输赢

所有关于王子与美丽女孩的童话，都在他们终于结合在一起戛然而止。美丽曲折的爱情一旦变成琐碎无趣的生活，连最高明的作家都觉得难以下笔。王子和美丽女孩"高高兴兴地生活在一起"，他们也会吵架吗？我想答案是肯定的。

从不吵架的夫妻估计比大熊猫还稀少。不少婚姻走向破裂，就是双方在无休止的吵架中共同完成的。

结婚三年的刘薇近来就为她和丈夫的频繁吵架而苦恼不已。他们之间的吵架越来越频繁，为了一件小事就吵得天翻地覆。没有人喜欢吵架，刘薇也是这样，但她总是克制不住自己，而且一旦交上了火，双方就迅速将战火升级，有时甚至上演全武行。刘薇不愿意她的婚姻在一次又一次的吵架中逐渐破碎，她希望找到一个挽救婚姻的方法。

俗话说：勺子没有不碰锅边的。恩爱夫妻也一样，两人共处的时间长了，难免会遇到不快的事，夫妻间总有相互顶撞的时候。如果你不想损伤对方的自尊心，就必须学会说："很抱歉！""对不起！""原谅我吧！"一类礼貌用语。

在日常生活中，我们有时会遇到这样的情形：一些夫妇动辄发怒，事后又不分析原因，不设法解决。对此，许多夫妇颇有微词，并称之为婚姻上的"慢性自杀"。他们认为，一味地忍耐，不发生任何口角和冲突，夫妻关系就会好。这样表面看似乎平静了，实则已走向了另一个极端。回头看看他们的二人世界，关系的确"好"，但他们之间却不会温暖和体贴，不会经常有爱情的火花迸发。因为他们忽略了这样一个事实，所有的家庭都会存在着一定程度的矛盾，你的配偶也许不会每时每刻都对你充满柔情蜜意，但彼此希望满足某些要求是合理的——只要这些要求不苛刻就行。正确的做法应该是，既认识到偶尔的生气和冲突是一种正常现象，又注意保护你应该具有"权利"。

夫妻吵架无输赢之分，谁是谁非不可能明明白白。有时只不过是做某一个"选择"，而这个"选择"往往来自一方的让步。

吵架也有艺术，夫妻虽吵犹亲，爱情的纽带也将越来越紧。那么，怎样才能做到这一点呢？

1. 允许对方偶尔生气

如果你认识到彼此间爱慕的一对夫妇，也不免会有嫉妒、烦恼和生气的事情发生的话，那么当这些情绪来临时，你就不会惊惶失措，因为这并不意味着他或她已经"没有感情"了。也许你的配偶是因为上司对其责怪的缘故而情绪低落，没有向你表示缠绵之情，但即使这暂时的不快也不是你的过错，你应该问："亲爱的，我做了什么事惹你生气了吗？"如果回答是否定的，你可以再问："那么，我能为你分忧吗？"如果对方不需要，你就不必打扰。要知道，这些问候是你给予的最好的安慰。

2. 努力理解对方的观点

我们时常可以看到，夫妻之间一旦产生了意见分歧，双方都只顾强调自己的道理，而不注意听取对方的道理，这是使矛盾激化的常见原因。这时，你应冷静下来，思考对方的意见，若发现对方的观点正确，你就应放弃你个人的意见，"在真理面前人人平等"，这样，矛盾自然不会激化。

3. 心平气和地阐述个人的意见

耐心听取对方的意见后，如果仍然认为有必要把自己的观点讲清楚，以说服对方，则阐述时一定要心平气和，尽量放慢语气把自己的道理讲清楚，即"晓之以理，动之以情"，不可把自己的观点强加给对方，否则对方会产生反感，听不进你的意见。

4. 以冷对热

以冷对热的关键，就是你吵我不怒。在一方感情激动、控制不住自己的时候，任他发火，任他暴跳如雷，不去理睬他。"一只巴掌拍不响。"一个人吵，就吵不起来，等他情绪平和以后，再和他慢慢说理，他就容易接受。

5. 说话要有分寸

即使忍不住争吵，说话也要有分寸，不能说绝情话，不能讥笑对方的某些缺陷，或揭对方的"伤疤"，更不能在一时气愤之下，破口大骂，不计后果。比如有的人吵架时言语不留余地："你是不是问得太多了？""我要你怎么干就怎么干！""你受不了可以滚"。等等，这类话咄咄逼人，很容易引发更大的冲突。

6. 直接表达自己的期望

如果一方想表达自己某种强烈愿望,最好直说"我想……"。比如妻子责怪丈夫好久未带自己上餐馆,不妨直说:"我想今晚到外面吃饭。"而不要说:"你看老板每周至少带妻子上一次饭店,而你呢?"

7. 就事论事

为了这件事吵,谈清楚这件事就行了,不要"翻旧账",上纲上线,也不要无限扩大。将陈谷子烂芝麻一股脑翻出来,把一场架吵成几场架,搅成一锅粥,是极不明智的做法。

8. 不要以辱骂代替说理,更不能动用武力

夫妻之间之所以发生争吵,主要是因为一方的观点没能说服对方。因此,要想使争吵得到解决,唯一的办法是都冷静下来通过充分说理,使双方的观点达到一致。如果一方只求个人的一时痛快,采取简单、粗暴的办法,甚至不惜用辱骂、殴打的手段以制服对方,虽然暂时占了上风,却可能在感情上造成更大的裂痕。

9. 主动退出

不少夫妻在争吵过程中,总有一种占上风的心理,就是都要以自己"有理"来压服对方,结果谁也不服谁,反而越说越有气。其实,夫妻之间的争吵,一般没有什么原则问题,许多是是非非纠缠在一起,也不易分清,特别是在头脑发热、情绪激动时更不易讲清。如果争吵到了一定时间和一定程度,发现这样下去还不能解决问题,那么有一方就要及时刹车,并告诉对方休战。这并不是屈服、投降,而是表示冷静和理智。比如,可以用幽默打破僵局,或者干脆严肃地说:"我们暂停吧!这么吵也解决不了问题,大家冷静点,以后再说。"之后,任凭对方再说什么,也不再搭腔。

性格不同的人怎么相处

小敏和张兵恋爱时，双方都对对方非常满意。他们相处得很融洽，各自暗暗庆幸自己找了一个志同道合的好伴侣。谁知结婚不久，两人就不那么和弦了。原因何在？性格不同。小敏是一个急性子，而小张是一个慢性子。小敏看不惯小张的温温吞吞，小张受不了小敏的风风火火。

恋爱时，双方的所表露出来的性格差异往往并不明显。这一般不是有谁在故意欺骗隐瞒，而是双方无意地心甘情愿地迎合与迁就对方。结婚后，本性方才各自暴露。加上双方在恋爱时，透过"爱情"眼镜，对方的缺点往往可以成为优点；而结婚后，缺点终归还是缺点。

性格不同的夫妻，在性情、爱好上有一定的差别，摩擦是不可避免的。有些性格不同的夫妻，常为他们的性格不同而苦恼。因为他们都认为自己的性格好，而抱怨对方的性格"不好"，并为此经常发生争吵，影响了夫妻感情。因此，私下后悔地说："当初，我真不该找了一个这样性格的人！"其实，夫妻间性格不同是正常的，也是比较普遍的现象。性格不同也不一定会影响夫妻感情。现实生活中，夫妻性格迥异而感情融洽的大有人在。苏联心理学家巴甫洛夫把人的高级神经活动类型分为4类：A. 兴奋型；B. 活泼型；C. 安静型；D. 弱型。按他的观点，各种性格组成的最佳方案应是 A-C、B-B、A-D。如果是 A-A 两个急脾气的人难免常常发生唇枪舌剑，甚至大动干戈；如果是 D-D 型，两个人性格都内向，不喜言谈，家庭中会没有活力，死气沉沉。所以，夫妻性格不同，有时倒会优缺互补，刚柔相济，家庭可能会更和谐、更稳定、更有生气。

其实，性格相近的夫妻也不见得都相处融洽。两个急性子就一定会融洽相处吗？说不定两个急性子的脾气都火暴，一有点矛盾就起火星，一有点火星就爆炸，这种局面还不如性格不同呢。

只要我们仔细观察一下自己周围所熟悉的夫妻们，就不难发现：不少性格迥异的夫妻，他们相处得很好。

首先，夫妻双方对性格要有正确的认识，要互相尊重对方的性格。性格是人对事物所表现的经常的、比较稳定的理智和情绪倾向，并不像品德一样有优劣之分。不同性格各有不同的长处或短处。比如，急性子性格大多直爽，容易相处，但好发火，发起火来，可能让人忍受不了。相反，慢性子大多态度和蔼，容易相处，办事讲究质量，但速度较慢。性格外向的人则多活泼开朗，而性格内向的人则稳定、深沉，各有长短。

其次，夫妻各自要朝扬长避短、异质互补的方向努力。有了正确认识之后，要主动地容纳对方，而且在家庭生活中应该发扬双方的长处，避开短处。比如，让善于交际的一方主外；做事心细的一方理财。夫妻双方的经历、兴趣和脾气不同，可以称为"异质"，异质可以互补。急性子同急性子，慢性子同慢性子，虽然性格一致，但闹起矛盾来，前者可能闹得"山呼海啸"，后者则会闹得没完没了不见晴天。相反，急性子慢性子相配，如能注意互补，往往会刚柔相济，急慢相和，动静相宜，进而相得益彰。

人的性格形成固然有其生理基础，一般来说是很难改变的。但在家庭、学校、工作、经历等生活实践中，环境对性格的形成和变化起着潜移默化的修正与完善作用。一对夫妻共同生活十几年、几十年之久，在这漫长的时间里，相互帮助，相互影响，每个人消极的性格在一定程度上会得到克服，积极的性格也会培养成功。当然，最重要的还是夫妻间不断加深感情，这是减少夫妻矛盾的最好办法。

别让感情变成负累

据说爱情只有 18 个月的保质期，而婚姻在七年左右最危险。婚姻所谓的"七年之痒"，指的正是婚姻在七年岁月的打磨下黯然无色。七年的时间里，随着夫妻双方的熟悉使各自魅力大减，浪漫与潇洒随着生活的压力而丧失殆尽，婚姻终于进入一个称之为"玻璃婚"的危险期。

"七年之痒"本来的意思是说许多事情发展到第七年就会不以人的意志出现一些问题，套在婚姻上竟然十分合适。结婚久了，新鲜感丧失。从充满浪漫的恋爱到实实在在的婚姻，在平淡的朝夕相处中，彼此太熟悉了，恋爱时掩饰的缺点或双方在理念上的不同此时都已经充分地暴露出来。于是，情感的"疲惫"或厌倦使婚姻进入了困局，如果无法选择有效的方法通过这一困局，婚姻就会终结。

从人的成长角度来讲，大多数人是在婚姻中实现自身的成长。恋爱的时候对自己的认识和把握还不清楚，更不知道自己需要什么样的配偶。随着婚龄的增加，尤其是许多家庭抚育幼儿之后，育儿任务的繁重和教育理念的差距，使婚姻中长期积累的矛盾慢慢凸显。加之双方人生发展轨迹的不同，造成实力的悬殊和共同语言的减少。婚姻专家指出，最大的离婚理由，不是婚外情，而是夫妇二人不能配合，不能再生活在一起。从沟通的方式来讲，中国有句俗话"熟人不讲理"，夫妻间的关系太熟了，往往忽略配偶的需要，不再选择表达的方式，在表露自己情感的时候不加掩饰，很多情况下会伤及对方。孩子出生之后，母亲的情感全部迁移到孩子身上，冷漠成了双方情感的症结，彼此的负性情绪相互渲染，使家庭氛围紧张。

有专家给正身陷七年之痒困局的夫妇们提供了三招，现摘录如下。

第一招：给婚姻松松绑

亲密无间，是很多夫妻追求完美生活的最高境界。但有时，适当的亲密有"间"，反而会让婚姻进入良性发展空间。

李勇和柳眉结婚六年，即将步入第七个年头。两个人常常会为了一点芝麻绿豆的小事儿争吵不休，一旦吵起来，双方都寸步不让。

一次，李勇到外省出差，要走两个月。结婚以后，他们从没分开过这么久。李勇走后，柳眉松了一口气，觉得自己终于可以安静一段时间了。结果还不到一个月，柳眉就开始无法自控地想念李勇。他们之间的电话越来越频繁，每次通话时间也越来越长。他们居然有了当年恋爱时的感觉。将近七年的婚姻，让他们彼此成为对方的左手，存在时感觉没有多大用处，但当左手无法用上劲时，他们认识到了左手是如此不可或缺。

如今，他们会从一年中拿出一个月的时间，给彼此放个假，给婚姻松松绑，让对方喘口气儿，也让婚姻喘口气儿，然后再携手继续走下去。

柳眉觉得这种方式非常适合婚姻生活，因为如今正处在七年之痒中的他们，感情反而比原来更好了。李勇也感叹，在一起虽然没有特别的感觉，但分开后竟然还有着丝丝缕缕的牵挂。

第二招：给爱情加点油

爱情是婚姻的保险。爱情如同一盏油灯，如果长时间不加油的话，光亮会愈来愈微弱，甚至熄灭。

大刘和小珊结婚八年，感情一直很好，他们的婚姻保鲜绝招是：时常给爱情加点油。大刘的工作非常繁忙，但他总会抓住时机为妻子做些不起眼的小事。早晨，小珊还没睡醒，大刘就要准备上班了。他会顺手帮小珊把刷牙杯子倒满水，给牙刷挤上牙膏。这事虽小，但却让小珊一天都在欣喜中度过，因为老公心中有她，就已经让她很满足了。

大刘有时需要加班，很晚才回来。他一回到家里，小珊就会接过他手里的公文包，并给他泡上最喜欢喝的龙井茶。当大刘坐在沙发上休息时，小珊会帮他做些简单的按摩以缓解疲劳。事情虽然都是一些小事，但小事也可以见真情。

婚姻生活本来就是由琐碎的小事情组成，惊天动地的大爱只有在遭受大的变故时才能有表现的机会。所以，每天请为对方做一件小事，让对方感觉得到你是他（她）生命中最重要的人，值得他（她）去珍爱和牵挂。用爱和温暖去为婚姻投资，你得到的回报将十分丰厚。

第三招：给婚姻败败火

人在憋了一肚子怨气时，情绪就"上火"了。情绪"上火"若不及时败火，肚子里的怨气累积多了，总有一天会爆发，一场大战终导致两个人的关系恶化。

当你对爱人有什么不满，当然首要的是容忍。不过在容忍到一定限度时，不妨向对方提提意见。当面提或许会导致吵架，那么就换一种间接的方式。例如，用留纸条或发电子邮件的方式，"控诉"对方。用这种间接的方式，有助于双方避免情绪化的对立。

夫妻之间的交流与沟通，有很多种方式，而吵架是最笨的办法。如果一段婚姻长期"上火"，总有一天会着火，所以给婚姻找一个正确的发泄渠道是十分必要的。

七年之痒变为三年之痛

据婚姻调查的资料显示，生活在都市里的夫妻，七年之痒正朝三年之痛发展。生活的节奏在加快，婚姻的变化接着也跟上了这个潮流。

一位男士有天晚饭后正在家中看电视，不知结婚三年的太太在一旁唠叨些什么，他专注地盯着电视，没去理会。这时太太突然一下站了起来，开始在客厅里翻箱倒柜找东西，找着找着，逼近了他身旁，甚至把他坐着的沙发垫也给翻了过来。

这下他实在忍不住，便开口问："你到底在找什么？"

她说："我在找我们感情中的浪漫，好久没看到了，你知道它在哪儿吗？"

这个回答既幽默又令人心疼，也道出了许多老夫老妻心中的无奈。

在一起久了，感情的确稳定下来，但风味似乎也由浓烈转为清淡。原先的激情不在，猛一回首，才惊觉自己手中一路捧着的爱情之花早已如风干的玫瑰，变味走调多时。

这阵子演艺圈不时传出消息，许多爱情长跑多年的银幕情侣纷纷宣布分手，而普普通通的你我也听到周围朋友分分离离的消息此起彼落，不禁让人担心起来，爱情是否真是无常。

其实对待爱情，就应该如同照顾鱼缸中的热带鱼，必须常常换水以保新鲜，这样五颜六色的热带鱼才能自在、顺心地摇摆出绚烂的生命力。

美国心理学家安吉莉丝有个不错的建议，她把它称为"亲密大补贴"，是一个三乘三处方，亦即一天三次、一次三分钟，主动对另一半表达你的爱意。

每天的三次分别在什么时间进行比较好呢？不妨试试早上下床前、白天上班时以及晚上就寝前。

早上睁开眼，先别急着下床，可以抱抱另一半，享受跟心爱的人一起睡醒的温暖；还有，在白天找个时间通三分钟电话，告诉对方你正想着他；另外，晚上临睡前，更该花些时间相互表达浓情蜜意。

这个做法非常合乎快乐的原则，因为快乐感不能一曝十寒，而是源于随时产生的小小成就感累加后的效应。

把你的爱情当成鱼缸中的热带鱼，使用三乘三"亲密大补贴"来细心照料，你会发现，你的爱情将能永葆新鲜。

如何面对伴侣的外遇

爱人有了外遇，这是人生一大痛苦。多少花前月下的甜言蜜语，多少山盟海誓，到头来如肥皂泡般破灭。

倘若对他（她）没感情倒也罢了，顺水推舟好聚好散。倘若夫妻双方仍有感情，受害者往往容易在痛苦之中做出一些极不理智的行为，造成令人唏嘘的家庭悲剧。

爱情的大厦还有基础吗？如果有，那么，就应该马上采取加固措施。

1. 保持冷静

是真的吗？许多情况下，所谓爱人有了外遇，无非是一些捕风捉影的谣言，你需要冷静甄别。如果这些都是真的，要保持冷静的确很困难的。心中的愤怒与痛苦如高温的岩浆，随时都想爆发出来。但这时你仍要努力让自己冷静下来。许多因外遇而破裂的家庭，就是因为受害方不冷静而造成的。这种不冷静，男方一般表现在"武力"上，找"第三者"算账，找妻子用拳头出气；女方则表现在"一哭二闹三上吊"上。这些撕破脸皮的做法，如同破罐子破摔。

2. 查找原因

是什么原因造成对方有外遇？要试着从自身找原因。是不是自己忽视了他（她）？是不是他（她）只是一时糊涂？如果自身有原因，就要主动改正自己的缺点。

3. 耐心劝导

用最真挚的感情，最善意的规劝，回忆甜蜜的过去，展望美好的未来。用豁达大度与通情达理去呼唤自己的爱人。

如果自己劝导不成，也可找值得信赖的长辈、亲戚、朋友，希望他们给你提供意见，但注意一定要找值得信赖的人，不要随便同朋友诉苦，他们在无意之中可能将你家的问题传播，以至弄得四邻皆知，不但不能给你任何帮助，反倒给你增加一层来自社会的压力。因此，应避免无谓的诉苦或说气话方式发泄。找可信赖的人共同商议解决问题的办法，才是良策。

最后，如果一切努力都没有多大效果，对方执意一意孤行，那么只能选择分手。这时，一定要记住好聚好散。也许，美好的人生会在不远处等待你。

相爱容易相处难

这个世界上恐怕没有谁是为了仇恨而相爱，为了离婚而结婚的，但是，走入围城的男男女女们总是会发出"相爱容易相处难"的感叹。有时，家似乎变成了一个没有硝烟的战场，夫妻如对垒的两军。身处尴尬的围城当中，你选择留守还是突围？

小凤是一位普通的中年女人，她所遇到的问题在社会上相当普遍，听听她的故事，我们或许能有更多的体会。

小凤在国企上班，丈夫是国家机关的副局长，算是既有权又有钱。最近几年，丈夫开始变化，经常找借口很晚才回家，夫妻之间能谈的话越来越少。后来，听朋友说她丈夫在外面有了情人，她自己也曾在商场看到丈夫和别的女人亲密的样子，她质问丈夫，可丈夫一口否认，说她是没事找事，自寻烦恼。以后他们之间的交流更多的是在吵闹中进行的，丈夫甚至说："你有本事也去找相好的，我不干涉，你也不用管我。"她真的没想到同甘共苦近20年的夫妻，日子刚刚好过了就要移情别恋，她不知该怎么办。如果离婚，没有自己的房子可住，女儿要高考，怕情绪受影响，再说，明明是他的过错，为什么自己要承担离婚后的经济压力？有20年的感情基础，她仍寄希望于他回心转意，家庭稳定；但是如果不离婚，心理上和感情上又不能接受，她说她的仇恨在增长，两人见面，不是视而不见，就是冷嘲热讽，有时她觉得如果丈夫出了意外而死掉她都不会伤心。对她来讲，婚姻更多的是一种生存需要，她无法放弃，忍耐已成为一种习惯。

生活中还有很多像小凤这样的人为了房子、孩子等实际问题，宁可心碎，也不舍得家庭破碎，守着徒有虚名的婚姻，在争斗和吵闹中度日。

有的女人不愿意"只共苦，不同甘"，不服气离婚后将丈夫这个"成熟的桃子"便宜了别人，便努力降低对丈夫的期望值，重新对待自己的生活，等他迷途知返的一天；有的女人以其人之道还治其人之身，丈夫怎么做，她也怎么做，婚姻似乎给了他们彼此伤害的权利；有的女人对前途有信心，坚决不能忍受背叛的感情，重新选择生活……

或许，只有到结束的时候，人们才会去回味、反思，面对婚姻、感情、生活、房子、孩子、金钱等问题，虽然人都会有各自的考虑和选择，但种种不幸并不完全是由生活开始变得相对富裕而带来的，更大的原因是人们还没有学会在日子越来越好之后如何心平气和地面对感情和婚姻。

在生活走向富裕的旅途中，确实有"钱多了，情淡了"的情况，更重要的是，现代婚姻观念里人们强调更多的是感情质量，是两情相悦，这使爱情和婚姻在开放的、多变的社会中多了变数，增加的未知性和不安定性是以往的阶段所不能比拟的，"感情基础"已不仅只用时间来衡量，而有了更多的精神内容，要不要负着承诺在婚姻的这条船上同舟共济，许多人正面临选择。

有人曾把婚姻分为四种：可恶的婚姻、可忍的婚姻、可过的婚姻和可意的婚姻。第一种因为其质量的低劣让人忍无可忍，肯定是要解散的，而最后一种则是一种理想，我们常用一个词来形容：神仙眷属。但这种婚姻就像一见钟情的爱情，可遇而不可求。大多数人的婚姻，是可忍或可过。它当然是不完美的，有缺陷的，让人心酸而无奈的，继续下去不甘心，放弃又有太多的牵绊。它是我们心头的一个刺，隐隐地痛着，又拔不去。

放弃可恶的婚姻能轻易为自己找到足够的理由，并因此获得勇气。但放弃可过、可忍的婚姻，则需要一点破釜沉舟的果断，当然，还要有一些赌徒的冒险精神。谁知道，这是给自己一个机会，还是把自己逼向更危险的悬崖。许多离了数次婚又结了数次婚的人，还是没有寻找到他们理想的生活，这样的局面让他们沮丧，甚至没有再试一次的勇气。

据说，现在上海的某些离婚者不需要什么理由了，如果非得给自己找理由，那或许是：我们在一起，没有感觉。这是一种非常暧昧的说法，也许，在他们看来，他们的婚姻至少是风平浪静的，是可以心平气和过下去的，但当事人却觉得快窒息了，要逃离出来。他们说自己是一群完美主义者，他们在寻找一种理想的婚姻状态，他们采取的是一种置之死地而后生的做法：先断掉自己所有的退路，然后去找一条通向幸福的捷径。

但选择婚姻就像是射箭，无论你感觉自己瞄得有多准，在箭出去之后，它能否正中靶心，谁也不敢肯定。如果当时起了一阵微风，或者箭本身有些小故障，总之，一些不可预知的小意外，常常令结果出现意外。

其实，婚姻是一种有缺陷的生活，完美无缺的婚姻只存在于恋爱时的遐想里，当然，那些婚姻屡败者也许还固守着残破的理想。向往和追求美满精致的婚姻，就像希望花园里的玫瑰全在一个清晨怒放，那是跟自己过不去。

破坏婚姻也许不如建设婚姻。许多被大家看好的婚姻因为当事人的漫不经心、吹毛求疵、急不可耐可能很快就被破坏了；而那些在众人眼里，粗陋不堪的婚姻，因为两个人用心、细致、锲而不舍地经营，就如一棵纤弱的树，后来居然能枝繁叶茂，郁郁葱葱。可忍或可过的婚姻大抵如此，但当当事人稍一怠慢，它可能很快就会枯萎、凋零，所以，双方要用一种更积极的心态去修补、保养、维护，婚姻奇迹也许就会发生。

学会放手也是一种爱

　　没有人是为了伤害对方而恋爱，也没有人是为了离婚而结婚。然而，当一切努力都于事无补，婚姻已经千疮百孔的时候，也许放手是最好的选择。给自己一条生路，也给对方一条生路。

　　伴随着新婚姻法的实行，结婚、离婚程序简单化。南京一对小夫妻感情不和，决定分手。但是他们没有冲动地去民政部门或者上法院办理离婚手续，而是选择了另外一种方式：试离婚。在经历了一段时间的试离婚日子后，平静下来的夫妻两人同时发现，在他们彼此心里，对方还是像从前一样重要。重归于好后，离婚的事情便不了了之……

　　有人学习商家免费试用的促销手段，用"试婚"来保障婚姻的质量。"试离婚"也就随着这个潮流应运而生。全国妇联婚姻与家庭专家陈新欣提出："试离婚"是在新的婚姻法实施以后，结婚、离婚的手续都比以前简单的前提下，缓解家庭婚姻危机的好办法。离婚前，冷静地对婚姻进行反思，对他或她进行再认识。给婚姻一个缓冲期，再决定是离还是不离。经过冷静思考以后，再作出正确、理智的选择也不迟。婚姻，要讲究效率，更需要深思熟虑。"试离婚"是一种理智、成熟和慎重的婚姻观，值得提倡。

据媒体报道，南京的这对小夫妻的争吵其实并没有太大的矛盾，更多的原因是在一起耳鬓厮磨近三年后，生活中难以避免的平淡。丈夫走时只带走了自己的一些日常用品，因为说好了是试离婚。"说实话期待这一天很久了……"丈夫在接受媒体采访时毫不隐瞒自己的真实感受。而妻子终于等到了自己向往已久完全自主单身的生活。"分开的最初几天，我们两个各自疯狂地享受着久违了的单身贵族的生活：下班后可以尽情地逛街一直到深夜；和朋友喝'大酒'，喝到天亮都不用担心回家后要面对的指责……'感觉真的太棒了！'"

这种自由、刺激的单身生活对于这对小夫妻来说似乎结束得有些早，"并不是因为对方给了自己什么样的压力，那种不安是从自己心里涌上来的。"夫妻两个在分开的第二个星期就同时有了这样的感受。并开始牵挂和惦记对方："煤气罐该换了，也不知她知道不知道客厅第一个抽屉里就有换气的电话；她应该不会又把钥匙锁到屋里了吧……""天冷了，也不知道他自己有没有添衣服；走的时候连刮胡刀都没带……"重归于好之后，两个人相约，万一下次再有矛盾千万不能一时冲动到民政局或者法院，还是采取"试离婚"比较妥当！

像南京的这对小夫妻一样，全国各地许多媒体都纷纷报道了夫妻间"试离婚"的事件。北京的一对夫妻就在两人发生矛盾后理智地尝试了"试离婚"。妻子小媛是一家企业的会计，丈夫在一家保险公司工作。结婚四年夫妻两个始终恩爱如初，让许多朋友们羡慕不已，但是他们之间却有一个始终存在的矛盾，就是孩子的问题。小媛的丈夫作为家里的独子，一直希望两个人能有一个孩子，而小媛却觉得自己没有能力或者没有足够的信心去要个孩子，就这样一直拖了四年。看着丈夫拉着箱子远去的身影'小媛的心里很难受，但是她却始终没有给丈夫一个承诺。两个月的分居生活让小媛在伴随着对丈夫思念的同时彻底瓦解了永远不要孩子的思想，而就在她想通了要给丈夫打个电话时，丈夫也已经痛下决心，为了爱妻，不要孩子……重逢其实就在自己的家里，小媛说，分开之后他才觉得丈夫在自己心里有多重。只要他高兴，自己就一定会给他生个孩子……"幸好我们没有真的离婚！"丈夫笑着说。

重庆的一对夫妻的"试离婚"，虽然没有闹到两个人分居的地步，然而在"试离婚"的约定中也明确写着，试离婚后，互不干扰对方生活，互不说话、互不查阅对方短信，不接对方电话，两个人之间形同陌路……但是这种"互不干扰"仅仅持续了不到半个月，两个人终于双双"违规"而重归于好……

此外，山东的小夫妻在相约试离婚时，首先表明此决议只有两个人知道，不能告诉第三者；也是山东的一对小夫妻，未等试离婚正式开始，就已经握手言和。

"试离婚"的结果往往是圆满的，只有少数人在经历了一段时间的"试离婚"之后走上了真正离婚的路——对于他们来说，"试离婚"的意义在于他们终于明白两人在一起的确不合适。

无论"试离婚"的结果如何，当事双方都会出现这些感受：双方没有像某些行将离婚的双方一样反目成仇。因此，在家庭和夫妻间出现矛盾时，"试离婚"可以说是一个解决问题的较好方法。

离婚对于成年人来说，有点类似童年时经历过的分离焦虑。小宝宝在跟母亲暂时分别时，内心会体验到一种不被保护、不安全的焦虑和恐慌感。所以，一定要看到妈妈在附近，才会安下心来玩。当长期生活在一起，彼此像亲人一样生活的夫妻，突然要面临离婚时，同样有这样一个不适应和不安全的焦虑期。

由于猜忌丈夫有婚外恋，而丈夫又不承认，30岁的小雯与丈夫结束了蹩脚的婚姻。在离婚不满两月的时候，一个40多岁的男人对她产生了好感，并对其发起了强大的爱情攻势，小雯冰冷的心再次复苏，她再一次走上了结婚的殿堂。然而，这一次婚姻并没有维持多久，小雯又再次成为单身。

很多刚离婚的人会有这种感觉，一个人独处的时候感觉恐惧，害怕面对别人异样的目光，总觉得马上找个伴心里才会舒坦。其实，作为成年人，如果没有承受孤独、面对和反省自我问题的能力，还是先别急匆匆地找对象。

人的深层情感模式决定着人在情感生活里所有的表现。离婚就代表着你的情感已经生病了，如果还是有病不求医，不对自己处理情感问题的方法进行必要的调整和学习，而是带着所有的硬伤匆忙走入下一段情感，势必会造成"习惯性的情感翻船"。现实中我们常常会遇到这样的例子，为了逃避孤独，解决分离性焦虑，离婚后匆忙找一个人再婚，之后接连离婚，最后导致个人情感世界发生变化，彻底不相信真爱。这其实是自己的不良思维方式导致的。

深度心理学有个概念叫"情感暗礁"。婚姻失败就代表人遇到了一块巨大的暗礁。此时，你需要停下来，好好探测一下暗礁所在的位置：静下心来想一想自己童年时父母的带养方式（一般隔代抚养更会造成安全感欠缺的问题），父母对自己的态度是温柔民主，还是粗暴武断（遭受过情感暴力的人更倾向于以矛盾的方式处理情感，并更加焦虑；而逃避型父母养育的子女更容易逃避情感），自己在情感上是否过分依赖对方等等。拿吕雯的例子来讲，她可以清点一下自己是否喜欢感情用事、有冲动型情绪障碍；在婚姻当中，是否总是没有安全感、过分猜忌，又不善于倾听等。只有当她从自己的角度弄清婚姻失败的原因，并找到自我成长的技巧之后，她才能真正成长起来。当她为了逃避孤独而匆忙去找个伴，甚至介入别人的家庭时，只是心理上的一种强迫性重复，已经注定了失败的结局。

　　所以，离婚的朋友千万不要在还没有排除掉情感暗礁的情况下，就贸然走入下一段感情。不妨趁这个时间享受一下一个人的时光，还可以寻求心理医生的帮助，潜心学习并提高沟通情感的能力和技巧。同时，要勇敢面对现实，并且相信真爱。其实，爱存在于每个人的心中，只要心中有爱，并有了给予爱的能力，再去寻找合适的另一半也并不迟。

第六章

抱团取暖，力量大

当我们生活不顺、四处碰壁的时候，心里经常会想："如果我有更多的朋友和关系帮助我，我就可以顺利地渡过难关。"因为，很多困局并非无计可施，而是我们自身的能力有限，同时也找不到出手相助的人。

一个人单打独斗，能做成多少事呢？俗话说：就算你浑身都是铁，又能打几颗钉？拿破仑·希尔在走访了数百位走过坎坷终成大事的伟人后，说过一句这样的话："当两个或更多的人以非常协调的方式进行思想及行动上的配合，这种力量是无与伦比的。"

要想突破人生的困局，我们需要借助他人的力量。而懂得如何借助他人力量的人，是困局中的强者。

维护亲戚关系

俗话说："是亲三分近"。亲戚之间大都是有血缘或亲缘关系，这种特定的关系决定了彼此之间关系的亲密性。这种亲属关系是提供精神、物质帮助的源头，是一种应该能长期持续、永久性的关系。因此，人们都具有与亲属保持联系的义务。在平常保持好亲戚密切的关系，在身陷困局、个人难以应付时，求助亲戚才最有利。

亲戚关系"不走不亲"，"常走常亲"，这是中国人一贯的观点，只有经常的礼尚往来，才能沟通联系，深化感情，密切亲戚关系。

有人认为走亲戚挺麻烦的。此话不对，纯洁挚密的亲戚关系，是中国传统的一种人情味较浓的人际关系，不能蒙上庸俗的面纱。只有建立在亲近、相互关心、常联系的基础上，才能建立真诚的亲戚关系，如果彼此间少了经常性的走动，那就可能会出现"远亲不如近邻"的局面了。

"常来常往"，经常到亲戚家走走、看看，聊聊家常，联络联络感情，这是非常有益的。

刘某是一家公司的老板，经过几年的辛苦经营，现已拥有相当的资产，到底是什么原因使他在短短几年内拥有数目可观的资产呢？

在一家报纸记者采访他时，他说了这样一段话："……自身的努力与勤奋固然是我成功的关键因素，但还有一点也是非常重要的。我的亲戚很多，在我未发达时，经常拜访他们，以致彼此间关系都特别好。后来，在公司小有规模后，我仍不忘经常与他们保持联系，正是因为这种密切来往，我的亲戚都对我非常不错。刚创业的时候，资金有一半是由他们筹借来的；办公司遇到困难时，也有他们的帮助与鼓励；就是他们中的一些人，现在也在我的公司里帮我的忙，是我的得力助手……总之，在各种人际关系中，我最注重的就是亲戚关系，也正因为我与他们保持密切的关系，得到了他们无私的帮助和支持，我才会有今天的成就……"

从刘某的谈话中，我们可以很直接地看出，常来常往在亲戚关系中的重要性，但有一点，就是千万不可有贫富贵贱之分，也不要因为自己的地位较高而不与穷亲戚来往。这样下去，亲戚们自然会对你冷眼相待，那时再想搞好亲戚关系，就难上加难了。

亲戚与亲戚之间的来往，除了一个"往"字，还要讲究一个"来"字。它的意思是除了经常到亲戚家走动外，也要经常邀请亲戚们到自己家里做客，利用自家的空间与亲戚联络感情，做一回主人，热情款待他们，既沟通了感情，又密切了亲情，让他们有一种到了自己家的感觉。时间一久，亲戚之间的关系会处得异常融洽。这样，在关键时刻，对方才会助你一臂之力。

每个人都有三亲六故，给自己亲戚办事的情况很多。当人们遇到困难的时候，大概首先想到的就是找亲戚帮忙。作为亲戚，一般会很热情地向你伸出援助之手。"亲不亲、一家人，""一家人不说两家话"，这都说明找亲戚办事有得天独厚的便利。

让亲戚出手相助，应该注意以下几点。

1. 主动沾亲

在任何社会，亲情永远是最宝贵的。在利用亲情办事之前，需要具备锲而不舍的精神，不怕吃苦，勇于发掘亲戚关系。

2. 借助亲情

借助亲戚关系时，叙情能起很大作用。可以说，善用亲情在很大程度上要善用亲情去说服对方、感动对方。在求亲戚帮助的时候，一样需要用真诚打动对方，使亲情发挥作用，切不可虚假用情。

亲戚之间的关系应以"情"字为主，而不要"利"字当头。现实生活中的许多人是非常势利的，亲戚若得势，他就与之交往；亲戚若落魄，他就不理不问，这种人通常是受人鄙视的。

借助亲戚关系并不是无限制地滥用，不顾一切去利用会给对方增加麻烦，使对方拒绝，自己也会因此而受到道德良心上的谴责。

3. 经济往来要清楚

求助过程中因为经济利益而得罪人，在亲戚之间是屡见不鲜的。比如亲戚之间的借钱借物等财物往来是常有的事。有时是为了救急，有时是为帮助，有时就是赠送，情况不同，但都体现了亲戚之间的特殊关系，把这种财物往来当成表达自己心意和特殊感情的方式。

作为受益的一方对亲戚的慷慨行为要给以由衷的感谢和赞扬。但如果把这种支持和帮助看作理所应该，不做一点表示的话，对方就会感到不满意，而影响彼此的关系。

另一方面，对于需要归还的钱物，同样是不能含糊的。这是因为亲戚之间也有各自的利益，一般情况下应把感情与财物分清楚，不能混为一谈。只要不是对方明言赠送的，所借的钱物该还的要按时归还。有的人不注意这个问题，以为亲戚的钱物用了就用了，对方是不会计较的。如果等到亲戚提出来时，那会使双方都尴尬。

对于来自亲戚的帮助，注意给以回报，这既是加深友谊的需要，也是报答对方帮助的必要表示。如果忽视了这种回报，同样会得罪人。

总之，亲戚之间的钱物往来，既可以成为密切感情的因素，也可能成为造成矛盾的祸根，就看你如何处理。

4. 不要居高临下或强人所难

亲戚之间虽有辈分的不同，但是也应当相互尊重、平等对待。特别是在彼此之间地位、职务有差异的情况下，更应如此。

常言说："穷在街市无人问，富在深山有远亲"。就是说，地位低的人总是希望从地位高的一方那里得到一些帮助，同时在他们提出自己的请求时，又怀有极强的自尊心。在这种情况下，如果地位高的一方对来求助的亲戚表示出不欢迎的态度，那就很容易伤害对方的自尊。

一般说来，地位低的人对于被小看是很敏感的，只要对方露出哪怕一点冷淡的表示都会计较、不满，造成不良的结局。

在有地位差异的亲戚之间最常见的矛盾是在求与被求之间，是在不能满足对方要求的情况下发生的。如遇到这些问题，一方应尽量地满足对方的需求，另一方则应考虑对方的难处，尽量不要给人家出难题，即使因客观原因不能满足自己的需求，也应给以谅解，不能过多计较。

5. 不要一厢情愿，为所欲为

亲戚之间由于彼此关系有远近之分，有密切程度上的差别，因此，在相处中要注意把握适当的分寸。

"亲戚越走越亲"是一般原则。但是，这里面也是有一定技巧的。

过去走亲戚可以在亲戚家住上一年半载，现在就有很多的不便。大家都有工作，都有自己的生活习惯，住的时间过长，很多矛盾就会暴露出来。

还有的人到亲戚家做客不是客随主便，而是任自己的性子来，这就给主人带来很多的麻烦，也容易造成矛盾。

比如，有的人有睡懒觉的习惯，到亲戚家也不改自己的毛病。主人要照顾他，又要上班，时间长了就会影响主人的工作和生活的正常秩序，进而影响彼此的关系。

还有的人，不讲卫生，到了亲戚家里，烟头到处扔。时间不长，人家还可能忍耐克制；要是日子长了，矛盾就会暴露出来。

因此，在亲戚交往中也要优化自己的行为方式，如果方式不当同样会得罪人。

朋友多了路才好走

千里难寻是朋友，朋友多了路好走。朋友相交之初，一般都会有"苟富贵，勿相忘"的誓言，可事实上远非如此。有些朋友在自己富贵发达之后就忘了这话，逐渐与原先那些状况并未有多大改善的老朋友疏远了，甚至忘掉了老朋友，躲着老朋友。

老朋友疏远的原因很多，有可能是发达显贵的一方人格发生了偏差，耻于与无权无势的旧交为伍了；有可能是他心情虽没变，因整天沉湎于繁杂的事务之中难以自拔，无暇顾及他人；也有可能是没有长进的一方妄自菲薄，因自卑而羞于交往……各种原因使两者的交情越来越淡薄了。

在这样的关系下，如何向朋友开口请求帮忙办事情呢？不妨采用以下四种方法。

1. 带上见面礼

多年不见，就算是老交情，带点礼物上门也是非常自然的，这更是情感的体现。礼物不在多少，它能把这多年没有交往的空缺一下子填补。

选礼物最好针对对方旧有的嗜好，也可以是土特产，也可以是烟、酒。

当然，礼物不同，见面时的说法也不同。若是旧友嗜好之物，就说是"特意给老兄（老弟）的，我知道你最喜欢这东西"；若是土特产，就说是"带给嫂子（弟妹）和孩子尝尝的"之类。进了门，便有了开口求老朋友办事的机会了。总之，得带点东西才行。

2. 唤起回忆

这是拜访最重要的办事基础，因为回忆过去就唤起了对方沉睡多年的交情，这交情才是对方肯为你办事的前提。

明朝初年，朱元璋当了皇帝。一天，家乡的一个旧友从乡下来找朱元璋要官做。这位朋友在皇宫大门外面哀求门官去启奏，说："有家乡的朋友求见。"朱元璋传他进来，他就进去了，见面的时候，他说："我主万岁！当年微臣随驾扫荡芦州府，打破罐州城，汤元帅在逃，红孩儿当关，多亏菜将军。"

朱元璋听了这番话，回想起当年大家饥寒交迫、有乐共享、有难同当的情景，又见他口齿伶俐，心里很高兴，就立刻让他做了御林军总管。

当然，回忆过去，闲聊往事，也有个当与不当的问题。其实朱元璋坐了皇帝以后，先后有两个少时旧友来找他求官做，一个说了直话，引起了他的尴尬，被杀了头；而上述这位说了隐话，而且说得委婉动听，被朱元璋委以高官。

与朋友及家人闲聊过去，如果是当着他的孩子和老婆，也要尽量少去提及让对方成为笑料的"乐事"及尴尬事，这样可能会伤害对方在家庭中的权威，引起对方的反感，你就达不到办事目的。

3. 以言相激

"无事不登三宝殿"。长时间没有来往，此次突然来访，对方便心知肚明你有事要求于他。他若不愿帮忙，一进门就会显得非常冷淡，当你把事提出来的时候，他便会表现出含含糊糊的拒绝态度。这可能是在你的意料之中，这时，你以言相激不失为一种扭转对方态度、继续深入的好方法。

比如，你可以说："你是不是觉得，我这事给你找的麻烦太多？"

"我知道只有你能帮我，所以我才来找你的，否则，我能大老远跑到你这里来？"

"我想你有能力帮我，再说这事也不是什么违背原则的事。"

"我临来之前，跟亲友都打过保票了，说这事到你这里一办就成，难道你真让我回家无脸见人？"

"以言相激"也必须掌握分寸，若是对方真的无能力办此事，也不能太苛求人家，让人家为难，更不能说出绝情绝义的话，伤害对方。

如果他真的帮你去办事，不管办成没办成，事后你都应该说道谢的话，这样会显得你有情有义。

每个人都希望拥有自己的一片小天地，朋友之间过于随便，就容易侵入这片禁区，从而引起隔阂冲突。譬如，不问对方是否空闲、愿意与否，任意支配或占用对方已有安排的宝贵时间，全然没有意识到对方的难处与不便；

一意追问对方深藏心底的不愿启齿的秘密，探听对方秘而不宣的私事；忘记了"人亲财不亲"的古训，忽视朋友是感情一体而不是经济一体的事实，花钱不记你我，用物不分彼此，凡此等等，都是不尊重朋友，侵犯、干涉他人的坏现象。偶然疏忽，可以理解，长此以往，必生间隙，导致朋友的疏远或厌恶。因此，好朋友之间也应讲究礼貌，恪守交友之道。

一般说来，求朋友帮助时要避免三个误区。

1. 彼此不分，过分随意

朋友之间最不注意的是对朋友的物品处理不慎，常以为"朋友间何分彼此"，对朋友之物，不经许可便擅自拿用，不加爱惜，有时迟还或不还。一次、两次，对方碍于情面不好意思指责，久而久之，会使朋友认为你过于放肆，产生防范心理。实际上，朋友之间除了友情，还有一种微妙的契约关系。以实物而论，朋友之物都可随时借用，这是超出一般人关系之处，然而你与朋友对彼此之物首先有一个观念："这是朋友之物，更当加倍珍惜，""亲兄弟，明算账。"注重礼尚往来的规矩，要把珍重朋友之物看作如珍重友情一样重要。

2. 随便反悔，不守约定

你也许不那么看重朋友间的某些约定，朋友间的活动总是姗姗来迟；对于朋友之求当时爽快应承，过后又中途变卦。也许你真有事情耽误了一次约好的聚会或没完成朋友相托之事，也许你事后轻描淡写解释一二，认为朋友间应当相互谅解、宽容，区区小事何足挂齿？孰不知朋友们会因你失约而心急火燎，扫兴而去。虽然他们当面不会指责，但必定会认为你在玩弄友情，是在逢场作戏，是反复无常、不可信赖之辈。所以，对朋友之约或之托，一定要慎重对待，遵时守约，要一诺千金，切不可言而无信。

3. 乘人不备，强行索求

当你事先不通知，临时登门提出所求，或不顾朋友是否情愿，强行拉他与你同去参加某项活动，这都会使朋友感到左右为难。他如果已有活动安排不便改变就更难堪，对你所求，若答应则打乱自己的计划，若拒绝又在情面上过意不去。或许他表面乐意而为，心中却有几分不快，认为你太霸道，不讲道理。所以，你对朋友有所求时，必须事先告知，采取商量口吻讲话，尽量在朋友无事或情愿的前提下提出所求。

同时来而不往非礼也。你在要求朋友帮助的同时，也应尽量为朋友解忧。

1. 热心帮朋友办事，可以加深友谊

朋友托你办事，一定诚心诚意尽力而为，中间遇到困难，有时可直言相告，事情办成了，也不要企望回报。这样，你们的友谊会越来越深。

2. 正确对待"平等"

在人际交往中，人与人之间的"平等"，只能有一个含义，那就是"互相尊重"。真正聪明的人是那些懂得如何善待朋友，同时也懂得如何善待自己的人。朋友托你办事情，而有一天你也会托朋友来帮忙解决难题，所以，朋友托办事时，不要自抬身价，要默默无闻，令其感知这份人情。

3. 学会吃亏

若是人与人之间没有彼此信任，则没有互助互利；没有较深的感情，则没有彼此的信任。在人际交往关系中，要重视情感因素，不断增加感情的储蓄，保持和加强亲密互惠的关系。

与朋友交往实际上也是一笔账。只有肯吃眼前亏的人才能争取到"长期客户"，而自己乐于助人，常接受朋友请托之事，多主动帮助别人，会不断增加感情账户上的储蓄，从而可以赢得许多朋友的友谊和尊重。

4. 主动帮助朋友实现美好愿望

在你力所能及的情况下，朋友来求你帮忙，你当然可以成人之美。要注意的就是，成人之美应以不危害第三者的利益为原则，要在朋友真正需要的

时候伸手帮忙，不要做一些"锦上添花"的事，应多做"雪中送炭"的事情。

5. 分外之事尽量帮忙

有时当你正忙于进行一项工作时，或你正进行一项有关你人生前途的大事时，你的同学、朋友或同事却来托你帮忙，这个忙与你的分内之事无关，需要你额外花费时间和心思。对于这样的事情你应该怎么办呢？

如果接受它，势必会给正在进行的工作或其他活动带来不利影响，而如果不接受会影响你和朋友的关系。此时，你应该了解朋友或同事想托你办什么样的事。如果只是一些小事，则可以帮他们办；如果是有一定难度的大事，则应告诉他们你现在很忙，不过你会尽量帮他们办，这样他们也会体谅你的处境，不会过于难为你。

6. 帮过忙后要表现自然

生活中难免会出现你帮别人、别人帮你的事情，若以平常心待之，对人对己都好。有的人给别人帮过忙之后，就摆出一副高高在上的嘴脸，将这件事整天挂在嘴上，这样的人令别人极其厌恶，即使有报答之心也不愿报答了。还有的人帮过别人的忙之后像什么也没有发生过，见了面还跟以前一样，让别人觉得很不好意思，很容易激发别人的感激之心。这种人一般在众人眼里威信较高，人缘较好，他们帮你做任何事都不会令你觉得有负担。这种人托你帮忙时，会知道心存感激，与这种人交往会给你安全感。

同窗十年半生缘

俗话说：十年寒窗半生缘。可见，同窗之情如果处得好，在某种程度上要胜过手足之情、朋友之情。在这个世界中，能为同窗也算是一种缘分。这种缘分因为它纯洁、朴实，有可能日后发展为长久、牢固的友谊。

现代社会里，想提升自己的人更注重同学关系，同学之间互相帮忙的情形经常可以见到。在一个单位里，同一个学校毕业的同学或校友中，如果有一个晋升到主要的领导岗位，那么，不出几年，这些同学或校友便都能得到提升晋级，这大概就是同学关系的力量。

同学关系有时的确能在关键的时刻帮上自己一个大忙。但是要值得注意的是，平时一定要注意和同学培养、联络感情，只有平时经常保持联络，同学之情才不至于疏远，在关键之时同学才会心甘情愿地帮助你。如果你与同学分开之后，从来没有联络过，当你去托他办事时，特别是办那些比较重要的，不关乎他的利益的事情，他就很难热情地帮助你。

有空给远在异地的同学们打打电话，通通信，询问一下对方近来的工作、学习情况，介绍一下自己的情况，互相交流一下，这是很有必要的，这个方法也很有效。碰上同学们的人生大事，如果有空最好亲身参加，如果实在脱不开身，最好也发个信息或托人带点什么，不然，怎么算得上同窗情谊。

对方有困难的时候，更应加强联系，许多人总喜欢向同学汇报自己的喜事，而对一些困难却不好意思开口，同窗之情完全可以去掉这些顾虑。

而当听到同学家有人生病或遇上不幸的事，应马上想办法去看着。平日尽管因工作忙、业务重没有很多时间来往，但朋友有困难时应鼎力相助或打声招呼表示关心，才更能显出你们之间的深厚情谊来。"患难之交才是真朋友"，关键时刻真诚帮忙，别人会铭记在心。现代社会里，人们都已经充分认识到同学之间交往的重要性，为了大家经常保持联络，加深合作，在一些大或小的城市里，"同学会""校友会"已成为一种时尚，这是一种十分有效的方法。一年一小会，五年一中会，十年一大会，关系越聚越坚，越聚越紧，彼此互相照应，"一方有难，八方支援"，这真是中国所特有的人际关系网络，它说明了同学关系已进入了一个更高的层次，不受时间所限，不受空间所限，只要"常聚"，那份关系，那份情，将取之不尽，用之不竭。

即使你在学生时期不太引人注目，交往的范围也很有限度，你也大可不必受限于昔日的经验而使想法变得消极。因为，每个人踏入社会后，所接受的磨炼均是不同的，绝大多数的人会受到洗礼，从而变得相当注意人际关系。因此，即使与完全陌生的人来往，通常也能相处得很好。由于这种缘故，再加上曾经拥有的同学关系，你可以完全重新展开人际关系的塑造。换言之，不要拘泥于学生时期的自己，而要以目前的身份来展开交往。

谁都牵挂昔日的同窗，说不定你的音容笑貌还存留在他们的记忆中，千万不要把这种宝贵的人际关系资源白白浪费掉。从现在开始，你就要努力地去开发、建设和使用这种关系。

远亲不如近邻

"甜不甜家乡水、亲不亲故乡人"，中国人对故乡有一种特殊的感情，爱屋及乌，爱故乡，自然也爱那里的人。于是，同乡之间，也就有着一种特殊的情感关系。如果都是背井离乡、外出谋生者，则同乡之间更是必然会互相照应的。

在某种程度上来说，乡情本身便带有"亲情"性质或"亲情"意味，故谓之"乡亲"。

中国的老乡关系是很特殊的，也是一种很重要的人际关系。既然是同乡，就会涉及某种实际利益，让"老乡圈子"内的人，让"近水楼台先得月"，就是说大多会按照"资源共享"的原则，给予适当的"照顾"。

如此看来，搞好老乡关系也是非常重要的，不仅可以多几个朋友，最重要的是可以获得许多有用的资源，也许一辈子都会受益无穷。

既然同乡观念在人们头脑中根深蒂固，足以影响了一个人的发展前途，那么，我们在拓展人脉关系网时就不可忽视它。

最起码当你在有求于人时，可以提供一条"公关"的线索。对于同乡关系，只要不搞歪门邪道，没有到"结党营私"的程度，完全是可以用的。

在外地的某一区域，能与众多老乡取得联系的最佳方式当然是"同乡会"。在同乡会中站稳了脚跟，跟其他老乡关系处得不错，就等于交结了一个关系网络，也许，有一天，你就会发现这个关系网络的作用是多么巨大，不容你有半点忽视。

齐某是个早年到广州闯荡的游子，现在已在异乡成家立业，家庭生活美满。美中不足的是齐某的人脉关系网窄小——这是许多闯荡异乡的人常见的苦恼。恰在这时，同在这个城市的几位老乡，他们深感有必要成立一个同乡会，定期聚会，加深感情，以后有什么事大家可多加照应。齐某一接到邀请，毫不犹豫地加入其中并积极筹划，联络老乡，把这个同乡会当成了自己的"家"，并成为"家"中领导之一。

经过两年的时间，同乡会已发展到了具有近300人的规模，齐某也等于多认识了近300人。这些老乡，各行各业，贫穷富贵，兼容并存，用齐某自己的话来说："我现在办什么事非常方便，只需一个电话，或打声招呼，老乡都会为我帮忙，而我也会随时帮老乡的忙……"

在大学里，经常可以见到有某地学生组织同乡会性质的"联谊会"，有人觉得这些人落后狭隘。但事实证明，他们"抱成团"确实给大多数同乡带去了"实惠"，解决了不少困难。后来，这种同乡会性质的团体几乎到处都能见到。它的形式虽是松散的，但"亲不亲，故乡人"的同乡观念有一定的凝聚力，它在"对外"上保持一致性，团结一致，抵御外来的困难和威胁，对内互相提携，互相帮助。

当今社会人口的流动性很大，许多人离开家乡，到异地去求职谋生。身在陌生的环境里，拓展人际关系有一定的难度，那就不妨从同乡关系入手，打开局面。

同乡之间或许没有什么较深的感情交流，主要凭的就是乡情，最突出的体现便是在乡音上。如果同在异乡谋生，遇见老乡时，操着一口乡音，会勾起对方一种亲密的感觉，对方也会极易答应你托他办的事。但是，在托老乡办事时切忌在公众场合用乡音与之交谈，因为有的老乡来自农村，他不愿意让别人从乡音中推测出自己的历史。

托同乡办事除了利用乡音，利用土产也是一条较好的途径。土产也许并不很贵，但是那是故乡的特产，外地买不到，这样，土产中便包含了浓浓的情意，在这种感情支配下，老乡多半会答应你所托他办的事。

人们在离开家乡很长时间之后，常常会因为生活、事业上的挫折与生活习惯的不同，勾起思念家乡的感情。每个人都与自己的家乡有一份浓浓的剪不断的牵挂之情，这份感情是每一个在外游子的精神支柱。

在每一个离乡背井的人的记忆深处，都有关于家乡的温馨的回忆，一般人不轻易流露这份感情；但若勾起了他的这份感情，则一发不可收拾。

要托老乡办事，最主要的就是以乡情感动他，勾起他对家乡的思念，使他想到要为家乡做些什么，这样他会毫不犹豫地帮助你。

结交一些真诚的朋友

从一无所有到世界富豪，香港富豪李兆基是一个奇迹，也是香港人的骄傲。美国《福布斯》杂志报道，李兆基1997年的资产达150亿美元，是当时亚洲最富有的人，也是世界第四大富翁。

1984年，李兆基怀揣着1000元钱，独自来到东方明珠——香港，这个美丽多姿而又富有朝气的城市。他有信心以他的金银业看家本领闯天下。

当时的香港中环文成东街，有二三十间金铺银店，专营黄金买卖、外币交换、汇兑等生意。李兆基来到香港之后，开始在那些金铺银店挂单做买卖，凭着自己对黄金的熟悉和市场的把握，李兆基很快就赚到了自己的第一桶金。

有了本钱，李兆基又开始做五金生意，搞进出口贸易，钞票像滚雪球一样越滚越大。钱对他来说，不再是可望而不可即的东西，幼年时对钱的野心，到这时已开始得到满足。可不知为什么，他对这些生意始终提不起兴趣，面对着流水般涌来的钞票，他的不安心理与日俱增。

李兆基在回忆当年的生活时曾说："我七八岁时已常到父亲的铺头吃饭，自小对生意已耳濡目染，后来在银庄工作，令我深深体会到无论法币、伪币、金圆券等，都可随着政治的变迁，在一夜之间变成废纸，令我领悟到持有实物才是保值的最佳办法。"于是，已过而立之年的李兆基在经过深思熟虑之后，毅然选择了地产，走上了一条日后为他带来无量前途的实业之路。

第二次世界大战之后的香港人口激增，工商业日益发达。1954年政府公布：全港经营登记的工厂共有2494家，属下工人11万多，未曾登记的工厂工人，数目逾10万，增幅较去年接近一倍。李兆基并不认为政府建设楼宇的步伐能赶得上民生的迫切需要，他看准时机，准备大干一场。

在1958年，李兆基和两位志同道合的朋友郭得胜、冯景禧共同组建永业企业公司，开始向地产业进军，有人将此喻为港式"桃园三结义"。他们虽然没有像刘关张三人那样起誓结义，却也在香港商场上留下了一段好朋友同心协力共创大业的佳话。

三位好友中，郭得胜年龄最长，经验丰富，老谋深算；冯景禧居中，精通财务，擅长证券；李兆基虽然最年轻，却足智多谋，反应敏捷。公司成立后的第一桩生意，就是买入沙田酒店，然后再以低价收购一些无人问津而又富有发展潜力的地皮，重建物业出售。他们"分层出售，分期付款"的推销方式颇受市民欢迎，结果效益显著。就这样，"永业"初涉地产便一炮打响，站稳了脚跟，郭、李、冯于是声名大震，得到了"三剑侠"的赞誉，而李兆基因为年龄最小，被称为"地产小侠"。

正是因为这些朋友，促成了李兆基后来的房地产王国。也因此，对于每个年轻人而言，无论你是穷人还是富人，假如你希望将来可以拥有更多的成功，并且延续下去，那么，请你为以后的成功积累更多的人脉，为以后的成功做准备。

在年轻的时候，如果你和几个同你一样年轻且志同道合的人一起为了成功而奋斗，那是一种缘分，更是你成功的最大资本。年轻的时候，你应该多交一些真心、真诚的朋友，那样你就能更快地走向成功，积累更多的财富，而真心的朋友将是你十年以后乃至一生的财富。

要想长久地交到真心朋友就应该建立在诚信的基础上。诚信既是人际交往的基本原则，也是人际交往的根本。值得信赖是赢得普遍尊重和信任的通行证，而维系人与人之间的情谊，重要的不是技巧而是诚信。诚信给人际交往带来的价值难以估量。

维尼曼从父亲的手中接过了一家食品店，这家老店以前是一家杂货店，小有名气。维尼曼希望它在自己的手中能够更加壮大。

一天晚上，维尼曼在店里收拾，准备早早地关上店门，以便为第二天和妻子一起去度假做好准备。突然，他看到店门外站着一个年轻人，面黄肌瘦、衣服褴褛、双眼深陷,典型的流浪汉。

维尼曼是个热心肠的人。他走出去,对那个年轻人说道:"小伙子,有什么需要帮忙的吗?"

年轻人略带腼腆地问道:"这里是维尼曼食品店吗?"他说话带着浓重的墨西哥味儿。

"是的,"维尼曼笑着说。

年轻人更加腼腆了,低着头,小声地说道:"我是从墨西哥来找工作的,可是整整两个月了,我仍然没有找到一份合适的工作。我父亲年轻时也来过美国,他告诉我他曾在你的杂货店里买过东西,嗯,就是这顶帽子。"

维尼曼看见小伙子的头上果然戴着一顶破旧的帽子,那个被污渍弄得模模糊糊的"V"字形符号正是他店的标记。"我现在没有钱回家了,也好久没有吃过一顿饱饭了。我想……"年轻人继续说着。

维尼曼知道了眼前站着的人是多年前一个顾客的儿子,他觉得应该帮助这个小伙子。于是把小伙子请进店内,好好地让他饱餐了一顿,还给了他一笔路费,让他回国。

不久,维尼曼便将此事忘了。过了十几年,维尼曼的食品店越来越兴旺,在美国开了许多家分店,他决定向海外扩展,可是他在海外没有根基,要想从头发展也是很困难的。为此维尼曼犹豫不决。

正在这时,他收到一封从墨西哥寄来的信,正是多年前他曾经帮过的那个流浪青年寄来的。

此时那个年轻人已经成了墨西哥一家大公司的总经理,他在信中邀请维尼曼来墨西哥发展,与他共创事业。维尼曼喜出望外,有了那位年轻人的帮助,维尼曼很快在墨西哥建立了他的连锁店,而且发展迅速。

我们不能缺少朋友,多结交一个朋友就多一条路。在你最困难的时候,往往是你的朋友帮助了你；而你离开了朋友，你就会陷入无助之中。"有心眼"的你千万别远离了朋友，要知道朋友是你人生中一笔巨大的财富，是关键时刻拉你一把的靠山。

朋友多了好办事，好朋友会在你遇到困难时慷慨解囊，会倾力相助。作为年轻人，我们都要有一颗义气的心，"千里难寻是朋友，朋友多了路好走"。友情就像沙漠里的绿洲，要使它不消失，必须时时保持水的滋润。

投桃报李，获得好人脉

"他"送给我桃，"我"以李子回赠，这就是人情来往，表现了人与人之间一种感恩和回报，体现了你与我之间蕴涵的人文关怀和人道和谐。赠予物本身固然有一定的意义，赠予物形外的价值更是不可比拟。所以这世上才有"人情难还"之说。

人情不仅要做，而且要多做，这样才能获得好人脉。只有先学会给予，才能收获回报，这是古人"投桃报李"的故事给我们的启示。也就是说，投桃报李先要投，你如果连一个桃子也不愿给他人，却企望别人给你一筐李子，世上又怎么能有这样的好事呢？

在英国的苏格兰，有一位贫苦农夫叫弗莱明，他心地善良，乐于助人。有一次他在田里耕作时，忽然听到附近的泥沼地带有人发出呼救的哭泣声，他当即放下手中的农具，迅速地跑到泥沼地边，发现有一个男孩掉进了粪池里，他急忙将这个男孩救起来，使他脱离了生命危险。

两天以后，一位高雅的绅士驾着一辆华丽的马车来到了弗莱明所住的农舍，彬彬有礼地自我介绍说，他就是被救男孩的父亲，特此前来道谢。这位绅士表示要以优厚的财礼予以报答,农夫却坚持不接受,他一再申明:"我不能因救了你的小孩而接受报酬"。正在互相推让之际,一个英俊少年突然从外面走进屋来,绅士瞥了一眼便问道:"这是你的儿子吗"?农夫很高兴地点点头说:"正是。"绅士接着说道:"那好,你既然救了我的孩子,那就也让我为你的儿子尽点力,让我们订个协议吧,请允许我把你的儿子带走,我要让他受到良好的教育。假如这个孩子也像他父亲一样善良,那么他将来一定会成为一位令你感到骄傲的人。"鉴于绅士的诚心诚意,农夫答应了他的提议。

绅士非常讲信誉,重承诺,不但把农夫的孩子送到学校读书,而且还供他到圣玛利医学院上学,直至毕业。

这个农夫的孩子不是别人,他就是后来英国著名的细菌学家亚历山大·弗莱明教授。他于1928年首次发明了举世闻名的青霉素,后来又经过英国病理学家弗洛里和德国生物学家钱恩的进一步研究完善,于1941年开始用于临床,并于1943年逐渐加以推广。青霉素被公认为是第二次世界大战中与原子弹和雷达相并列的第三个重大发明。而上面提到的那个绅士便是英国上议院议员丘吉尔,他那个被农夫救起的儿子后来成了英国著名的政治家,二战时期的首相丘吉尔爵士。

这个农夫救了一个小孩子,对绅士来说,确实是一个不小的"人情",但谁也没有料到,农夫所做的这个"人情"对后世会发生如此重大的影响,他自己的儿子也因这个"人情"而获得受高等教育的机会,日后竟然会成为英国著名的细菌学家和青霉素的发明者。丘吉尔首相在二战中的卓著功勋无须赘述,弗莱明教授发明的青霉素也不知拯救了多少过去根本无法拯救的生命,真是为全人类造福不浅。从这个意义上讲,那位行善积德的农夫弗莱明所投的桃子就是一份世上最珍贵的"人情"——助人为乐之心,他所得的报酬也不是一筐李子所能替代的,而是最高和最优厚的"人情",也可以说是举世无双的"人情"。

在现代商务中，人们都希望得到立竿见影的效果，否则就不愿意付出，这在人与人之间的交往中表现得非常突出。

曾见到过这样一个故事：有一个人被带去参观天堂和地狱，以便能选择他日后的归宿，他先来到了地狱。第一眼望去，他十分吃惊，因为所有的人都坐在酒桌上，桌子上佳肴无数，然而，接着他发现，这里的每一个人都骨瘦如柴，无精打采，原因是每人的手臂上都固定了一米长的刀叉，使他们无法吃食。

于是他又去了天堂，同样的食物，同样的刀叉，可这里的人欢歌笑语，因为他们在互相喂食。

这个故事给了我们极大的启示：现代社会主要建立在交换关系上，有借有还，再借不难。你帮人办事，他欠你一份人情，日后你求他，他才会反过来帮你。求人与被求，是一笔人情债，尽管无法精确的计算，但也要心中有数。

要想办成事，必须事换事，能够领悟和运用这一点的人，必会成为无往不胜、所向披靡的社交办事高手。

人际交往免不了人情来往，人脉关系少不了人情来往。在你来我去的"人情"来往中，我们要记住：投桃报李先要投，而且是不求回报地投。不求回报的施舍往往能得到最优惠的回报，社会的规律不会忽略任何一个善良的人。

不要错过值得"烧香"的"冷庙"

想成功做事，要学会在"冷庙中烧香"，不要只挑香火旺盛的"热庙"进香。

人也同样如此。一个人是否能发达，要靠机遇。你的朋友当中，有没有怀才不遇的人？如果有，这个朋友就是冷庙。你应该与热庙一样看待，时常去烧香，逢到佳节，送些礼品。因为他是穷人，可能不会履行礼尚往来的习惯，但并非他不知道还礼，而是无力还礼。不过他虽不曾还礼，但心中却绝不会忘记未还的礼，这是他欠的人情债，人情债越欠越多，他想还的心越切。所以日后他否极泰来，第一他要还的人情债当然是你。他有清偿的能力时，即使你不去请求，他也会自动还你。

而要想真正做到冷庙烧香，关键是平时多给人提供帮助。这对搞好人际关系很有帮助，有时甚至是一本万利的事情。

现在人际交往中，有下面几种"冷庙"值得去上上香：

1. 小人脉

什么叫"小人脉"？举个例子，若添点文具，就去拜访一位做行政的朋友。她拉开抽屉，拿出一大本名片，分门别类告诉我：如果急用，可以找供货商老张，他送货上门；如果希望价钱最低，可以跑去七浦路××摊拉找小陈；总之不要去超市，比较下来那里价钱最贵。所以，小至送水、送复印纸的供货商，你都可以转化成自己的资源，以备不时之需。

这种"小人脉"，多半不必费心维护，只需花心思建立清晰的名片夹或数据库便可。

在清朝万历年间，京城里有一家银楼生意十分红火。掌柜岳广才是一个好交朋友的人，每当有人求助他时，凡是他能办到的都尽力帮忙。因此，上至达官贵人，下至三教九流，岳广才结交了不少朋友。在岳广才的朋友中有一个人叫蒋玉平，是一个唱花旦的戏子。岳广才的夫人见丈夫和蒋玉平来往非常密切，就劝谏丈夫和这个人少些来往，因为那个朝代戏子的社会地位极低，夫人怕丈夫和这样的人来往影响了名声。岳广才却反驳说："蒋玉平虽为戏子，但为人仗义直爽，这样的人不可不交。"于是继续和蒋玉平来往。

几年之后，岳广才的银楼遭遇了一场不幸——衙门在他的店里搜出了一个皇宫里丢失的宝物。当时岳广才并不知道这个宝物是皇宫所丢失的，只当是普通的玉器收买过来的，谁知因此惹了大祸。不久岳广才被抓到了大牢里。

岳广才的夫人眼看丈夫遭到这样的变故，心中十分愁苦，但后来想到丈夫平日里那么多朋友，应该有人能帮上忙，于是一一向他的朋友们求助。可是大家都觉得这个案子牵涉到皇宫，一定很严重，所以都不敢插手帮忙。夫人无奈之中突然想起丈夫的好朋友蒋玉平，这个人虽不在自己眼里，问问他或许能献一策。谁知蒋玉平得知这事后一口应承下来，要夫人放心，他一定尽自己所能为朋友开脱。

蒋玉平虽为戏子，却认识不少达官显贵和江湖义士，他通过几番周折，终于协助官府把一个惯于偷盗皇宫内院的盗贼缉拿归案，岳广才和相关人等也终于被平安释放了。

在岳广才患难之时，他的许多显赫朋友帮不上忙，而一个卑微的戏子却救了他的命，这件事本身透出了人世的炎凉，同时也告诉我们："大人脉"不一定非是我们所认为的大人物，有时候一个平凡的小人物或者被人认为的"多余人脉"，在关键时刻常常能扭转我们的命运。

2. 暂时不如自己的人

据史书载，汉高祖刘邦曾派大将韩信、张耳率一万余新招募的汉军越过太行山，向东挺进，攻打项羽的附属国赵国。赵军统帅成安君陈余集中二十万兵力于太行山区的井陉口（今河北井陉东），占据有利地形，准备与韩信决战。李左车认为，汉军千里匮粮，士卒饥疲，且井陉谷窄沟长，车马不能并行，宜守不宜攻。只要严守，就可以万无一失。于是，他向赵国主帅陈余陈述其利害，并自请带兵3万，从间道出其后，断绝汉军粮草。陈余不以为然，不严守井陉，坚决主战。

韩信迅速挑选二千轻骑，半夜从小路迂回到赵军大营侧翼，隐伏待击。次晨，韩信和张耳率主力出井陉口，并在绵河东岸摆下"背水阵"，引诱赵军出击。果然，赵军倾巢而出，追击汉军。汉军伏兵乘虚抢占了赵军营寨。赵军见此大乱。汉军乘势前后夹击，大败赵军。韩信斩陈余，擒赵王，灭亡了赵国。

赵亡后，韩信悬赏千金捉拿李左车。不久，即有人将李左车绑送到韩信帐前。韩信立刻为他松绑，让他面朝东而坐，以师礼相待，并向他请教攻灭齐、燕方略。李左车为人很有谋略，做了俘虏，再三推诿。经韩信再三请求，便答道："智者千虑，必有一失，愚者千虑，必有一得。"接着又说道："目前不宜攻燕、齐。应抚恤百姓，犒劳将士，同时以优势兵力向燕国进发，以造声势，迫使燕国顺从。一旦燕王顺从，齐国就会闻风而服。这就是兵书上说的先虚后实之法。"韩信采纳了建议，不久就取得了燕、齐的国土。

从这个故事中，我们可以悟出，如果你自己成功了，要记得善待那些还没有成功的朋友，如果你有某方面的才能，也要善待那些缺乏这些才能的朋友，因为，他们虽然可能不如你，但往后在其他方面很可能胜过你，今天不如你，不代表以后不会超过你。

3. 有过错的人

在历史上有这样一则故事：说晋灵公生性残暴，时常借故杀人。一天，厨师送上来得熊掌炖得不透，他就残忍地当场把厨师处死。正好，尸体被赵盾、士季两位正直的大臣看见。他们了解情况后，非常气愤，决定进宫去劝谏晋灵公。士季先去朝见，晋灵公从他的神色中看出是为自己杀厨师这件事而来的，便假装没有看见他。直到士季往前走了三次，来到屋檐下，晋灵公才瞟了他一眼，轻描淡写地说："我已经知道自己所犯的错误了，今后一定改正。"士季听他这样说,也用温和的态度道:"谁没有过错呢?有了过错能改正,那就最好了。如果您能接受大臣正确的劝谏,就是一个好的国君。"

这个小故事对我们很有启迪,尤其是对待犯错的朋友,我们要伸出真诚的援助之手,才能走进他们的心灵,劝慰或挽救他们。生命就像是一种回声,你送出什么它就送回什么,你播种什么就收获什么,你给予什么就得到什么。只要你付出了,才会有收获。

其实,"冷庙烧香"并不是很难办的事情,有时仅仅需要随时体察一下别人的需要即可,这是最简单不过的事情了。时刻关心身边的人,帮他们一个忙,日后,你就很容易得到他们的帮助。

你还需要做的就是趁自己有能力时,多结交一些"潦倒英雄",使之能为己所用,这样会大大增加请求别人帮助时成功的概率。

不过,对朋友的投资,最忌讳急功近利,因为这样就成了一种买卖。如果对方是有骨气之人,更会不高兴,即使勉强接受,也会不以为然。

平时不屑往冷庙上香,临到头再来抱佛脚也来不及了,一般人总以为冷庙的菩萨不灵,所以才成为冷庙。其实英雄落难,壮士潦倒,都是常见的事。只要一朝交泰,风云际会,仍是会一飞冲天、一鸣惊人的。

从现在起,多注意一下你周围的朋友,若有值得上香的冷庙,千万别错过了才好。

与成功的人士为友

福尔兹被称为美国杂志界的奇才。但是最初他和家人是穷得差点要饿死的波兰难民,他在美国的贫民窟长大,一生中仅上过6年学。

6岁时，福尔兹随家人移民至美国，在上学期间仍然要每天工作赚钱。打扫面包店的橱窗，派送星期六早上的报纸，周末下午到车站卖冰水，他自幼就是一个"工作狂"，什么样的脏活、累活都干过。

13岁时，福尔兹辍学，到一家电信公司工作。然而，他没有忘记学习，仍然不断地自修。他省下了车钱、午餐钱，买了一套《全美名流人物传记大成》。

接着，福尔兹做了一次史无前例的壮举，他直接写信给书中的人物，询问书中没有记载的童年往事。例如，他写信问当今的总统候选人哥菲德将军，是否真的在拖船上工作过，他又写信给格兰特将军，问他有关南北战争的事。

年仅14岁，周薪只有六元二角五分的小福尔兹，就是用这种方法结识了美国当时最有名望的大人物：哲学家、诗人、名作家、军政要员、大商贾、大富翁。当时的那些名人们，也都乐意接见这位充满好奇心的、可爱的波兰小难民。

获得名人们接见的福尔兹，立下宏图壮志，要闯一番事业。为此，他努力学习写作技巧，然后向上流社会毛遂自荐，替他们写传记。一时间，订单如雪片般飞来，福尔兹需要雇用六名助手帮他。当时，福尔兹还未满20岁。

不久，这个传奇性的年轻人，被《家庭妇女杂志》邀聘为编辑。福尔兹答应了，并且一做就是30年，将这份杂志变成了全美最高销量的妇女刊物。

如果你是一个穷得连吃饭都成问题，但却充满创业热忱的年轻人，那就应该从福尔兹的成功之中受到启发和教益，通过获取人脉资源而拥有走向成功的机会。

当然，年轻人培养人脉和与人建立关系，更要不断地学习，主动积极地提高自己的自身素质，并运用智能和策略，讲究方法和技巧，成功地融入社会。

年轻是人的资本，但也是人的劣势。因为年轻，可能有很多弯路要走；因为年轻缺乏阅历，可能让人遭受失败或者伤害；因为年轻，人没有改变事情的足够能量。

人脉也是年轻人成功的关键因素之一。因此，年轻人只有把维护和拓展人脉当成日常功课，才能够无往不利，最终敲响成功之门。

著名激励大师安东尼·罗宾指出："我所认识的全世界所有的成功者最重要的特征是：创造人脉，维护人脉。人生中最大的财富便是人脉，因为它能开启所需能力的每一道门，让你不断地获得财富，不断地贡献社会。"

年轻人要想在现代社会成功，是离不开人脉基础的，它也是获得成功的最直接、最有效、最迅速的手段。人脉可以帮助你成为一个受人欢迎、被人尊重、生活富足、事业成功的人。

俗话说："一个好汉三个帮，一个篱笆三个桩。"年轻人要想成功，必定要有做成大事的人脉网络和人脉支持系统。"人"这个字，可以说是世界上最伟大的发明，是对人类最杰出的贡献。一撇一捺两个独立的个体，相互支撑、相互依存、相互帮助，构成了一个大写的"人"，"人"的象形构成完美地诠释了人的生命意义所在。

在一个风雨交加的夜晚，一对老夫妇走进一间旅馆的大厅，想要住宿一晚。

饭店的夜班服务生无奈地说："十分抱歉，今天的房间已经被早上来开会的团体订完了。"

"如果在平常，我会恭送二位出门，可是我无法想象您要再一次置身风雨中。您如果不介意的话，可以在我的房间休息一晚。它虽然不是豪华的套房，但还是蛮干净的，因为我值班，我可以待在办公室休息。"这个年轻人很诚恳地提出这个建议。

老夫妇接受了他的建议。

第二天，雨过天晴。老先生前去结账，柜台仍是昨晚的那位服务生，他亲切地表示："昨天您住的房间不是饭店的客房，所以我不会收您的钱，也希望您与夫人昨晚睡得安稳！"

老先生点头称赞："你是每个旅馆老板梦寐以求的员工，或许改天我可以帮你盖栋旅馆。"服务生以为是老先生随口说说，并没有在意。

几年后，服务生收到一位先生寄来的挂号信，信中说了那个风雨夜晚所发生的事，另外还附一张邀请函和一张到纽约的来回机票，邀请他到纽约一游。

在抵达纽约几天后，服务生在第5街和34街的路口见到了这位当年的旅客，这个路口矗立着一栋华丽的新大楼，老先生说："这是我为你盖的旅馆，希望你来为我经营，还记得我说过的话吗？"

服务生简直不敢相信，试探着问："您是不是有什么条件？您为什么选择我呢？您到底是谁？"

"我叫威廉·阿斯特，我没有任何条件。我说过，你正是我梦寐以求的员工。"

这旅馆就是纽约最知名的华尔道夫饭店，这家饭店在1931年启用，是纽约尊荣极致的地位象征，也是各国高层政要造访纽约下榻的首选。

当时接下这份工作的服务生就是乔治·波特，一位奠定华尔道夫世纪地位的推手。

毋庸置疑，服务生遇到了他生命中的贵人，并且很好地把握了他。由此可以看出，人脉资源对一个人是多么重要。

人脉如同树，一棵小树苗要想长成参天大树，成为栋梁之材，必须要有粗壮厚实的根脉汲取大地的营养，必须要有丰富的枝脉和纤细纵横的叶脉吸收空气、阳光。

很多成功的商界人士都意识到了人脉资源对自己事业成功的重要性。曾任美国某大铁路公司总裁的史密斯说："铁路的95%是人，5%是铁。"美国石油大王约翰·洛克菲勒也说："我愿意付出比天底下得到其他本领更大的代价来获取与人相处的本领。"

无论你从事什么职业，只要你能处理好人际关系，拥有丰厚的人脉资源，那么，十年以后的成功之路就已经走了一半了。现代社会的日益发展已经越来越显示出人脉的重要性，作为年轻人，更应该明白，人脉对成功是何等重要。

第七章
接受无法改变的

哲学家叔本华提醒世人说："一种适当的认命，是人生旅程中最重要的准备。"我们提倡人的奋进与不屈精神，但决不鼓励人盲目地与命运抗争。

接受你所不能改变的。如果你努力过了，奋斗过了，争取过了，即使失败我们也没有必要感到遗憾与悲伤，因为一切都已经无法改变，一切努力与悲伤都于事无补。有时候，我们需要认命，需要放弃。

身处困局，人要"改变你所不能接受的"，同时，也要"接受你所不能改变的"。这不是什么文字游戏，而是两句非常具有哲理的睿智之语。

不幸，是难以避免的

前面我们已经说过，命运往往掌握在我们自己手里，因此即使是一些微不足道的小决定，也会导致严重的后果，而一些小决定累积起来，也会影响大决定的成败。

从前有一个人提着网去打鱼，不巧下起了大雨，他一赌气将网撕破了。网撕破了还不够，他又因气恼一头栽进了池塘，再也没有爬上来。这个故事告诉我们下雨不能打鱼，等天晴就是了。不要让一场雨下进心里，不要让一口怨气久久不能蒸发，从而输掉青春、爱情、可能的辉煌和一伸手就能摘到的幸福。

人们在生活中常常会遇到一些这样或那样幸与不幸的遭遇，要接触各种各样的机缘,要经历种种的坎坷与风雨,这些都是人在自己人生的航程路线上必不可少的风景。如果一个人天生就生活在一个优越而又无忧无虑的家庭,他的未来早已被他的家人安排、设计好了,而且家人还为他的人生铺好了一条阳光般的道路让他能够顺顺利利地去走。可以说他的人生根本不需要自己操心,不需要自己去闯,更不需要他的翅膀来承担生活的重担。但这样一个所谓"含着金砖"出世的人,他能体味到人生的滋味吗?他能有人世间真正的幸福吗?人生真正的幸福莫过于用自己的力量取得成功所换来的喜悦。人生的祸福让人难以预料,假若有一天,他将独自面临这个社会,面对自己的人生,他恐怕无法承载生活给予他沉重的压力。

生活对每个人都是平等的,不会对谁有任何的厚待与眷顾。人生,是在无数的琐琐碎碎、无数个小小的甜蜜、小小的失落中滑过去,迎接未来。

不要幻想生活总是那么圆满,也不要幻想生活在四季中享受所有的春天,每个人的一生都注定要跋涉沟沟坎坎,品尝苦涩与无奈,经历挫折与失意。我们要学会面对生活中的不幸。

生活中的不幸,是人生不可避免的,而这些不幸,早晚都会过去,时间会冲淡痛苦的感觉,"这没有什么了不起的",自己在心中重复几次,绝不能因为不幸的打击,就变得憔悴万分,而应不再痛苦,振作起来,干你自己应该干的事情。

有一个人,他的性情并不很开朗,但他对待事情从不见有焦躁紧张的时候,这并不是他好运亨通。细细观察体会,会发现他有一些与众不同的反应方式:比如,他被小偷扒走了钱包,发现后叹息一声,转身便会问起丢失的身份证、工作证、月票补办的方法。一次,他去参加电视台的知识大赛,闯过预赛、初赛,进入复赛,正得意,不料,却收到了复赛被淘汰的通知书。他发了几句牢骚,中午,却兴致勃勃地又拜师学起桥牌来。这些,反映出他的一种很本能的思维方式，那就是承认事实。事实一旦来临，不管它多么有悖于心愿，但这毕竟是事实。大部分人的心理会在此时被动反抗，但豁达者，他的兴奋点会迅速地绕过这种无益的心理冲突区，马上转到下边该做什么的思路上去了。事后，也的确会发现，发生的不可再改变，不如做些弥补的事情后立刻转向，而不让这些事在情绪的波纹中扩大它的阴影。这堪称是一种最大的心理力量。

我们生活的每一天并不会时时受那些不完美的缺憾的困扰，但一定会经常因一些烦琐的小事而影响了心情。有一个人正准备享用一杯香浓的咖啡，餐桌上放满了咖啡壶、咖啡杯和糖，忽然一只苍蝇飞进房间，嗡嗡作响直往糖上飞，顿时这个人好心境全无，他烦躁无比，起身用各种工具追打苍蝇，于是片刻之间将房间里弄得乱七八糟，桌子翻了、壶洒了、杯碎了、咖啡汁遍地皆是，而最后苍蝇还悠悠地从窗口逃走了。

我们活着的每一天，可能有很多人遇到过类似的情景，让一点小事而影响了原本极为美妙的享受，瞬间快乐无存。然而人生短暂，记住千万不要浪费时间，去为小事而烦恼。一个人会觉得烦恼，是因为他有时间烦恼。一个人为小事烦恼，是因为他还没有大烦恼。

世事繁杂，生活中遇到不如意的事是常事。算起来生活中哪一天没有不顺心的事？工作不如意、同事间的误会、钱不够花等，把自己陷在这些烦恼中，即使晴天丽日，也会觉得天气不好。

1945年3月，一名美国青年罗勃·摩尔在中南半岛附近海下84米深的潜水艇里，学到了一生中最重要的一课。

当时摩尔所在的潜水艇从雷达上发现一支日军舰队朝他们开来，他们发射了几枚鱼雷，但没有击中任何一艘舰。这个时候，日军发现了他们，一艘布雷舰直朝他们开来。3分钟后，天崩地裂，6枚深水炸弹在四周炸开，把他们直压到海底 84 米深的地方。深水炸弹不停地投下,整整持续了 15 个小时。其中,有十几枚炸弹就在离他们 15 米左右的地方爆炸。倘若再近一点的话,潜艇就会炸出一个洞来。

摩尔和所有的士兵一样都奉命静躺在自己的床上,保持镇定。当时的摩尔吓得不知如何呼吸,他不停地对自己说:这下死定了……潜水艇内的温度达到 40 多摄氏度,可是他却怕得全身发冷,一阵阵冒虚汗。15 个小时后,攻击停止了。那艘布雷舰在用光了所有的炸弹后开走了。

摩尔感觉这 15 个小时好像有 15 年。他过去的生活一一浮现在眼前,那些曾经让他烦忧过的无聊小事更是记得特别清晰——没钱买房子,没钱买汽车,没钱给妻子买好衣服,还有为了点芝麻小事和妻子吵架,还有为额头上一个小疤发愁……

可是,这些令人发愁的事,在深水炸弹威胁他的生命时,显得那么荒谬、渺小。摩尔发誓,如果他还有机会再看到太阳和星星的话,他永远不会再为这些小事忧愁了!

这是一个经过大灾大难才悟出的人生箴言!英国著名作家迪斯累利曾精辟地指出:"为小事而生气的人,生命是短促的。"的确,如果让微不足道的,小事时常吞噬我们的心灵,这种不愉快的感觉会让人可怜地度过一生。

在美国科罗拉多州一座山的山坡上,有一棵大树,岁月不曾使它枯萎,闪电不曾将它击倒,狂风暴雨不曾将它动摇,但最后它却被一群小甲虫的持续咬噬给毁掉了。

在现实生活中,我们可能不会被大石头绊倒,却会因小石子摔倒。伏尔泰曾一针见血地指出:"使人疲惫的不是远方的高山,而是鞋子里的一粒沙子。"确实,生活中常常困扰你的,有时不是那些巨大的挑战,而是一些琐碎的事。虽然这些小事微不足道，却能无休止地消耗你的精力。所以，你的今天要怎么过，你就能让它怎么过。人要学会随时倒出那些烦人的"小沙子"。

用宣泄来改变自己

人生在世，难免会遇到烦恼、伤心、怨恨、愤怒的事情。如果遇到了这样的事情的时候你应该怎么办呢？如果把不良情绪憋在心里，进行感情压抑和自我克制，往往会影响身心健康，早晚就会憋出病来。相反，如果你采取另外一种态度，在不危害社会、不影响他人和家庭的情况下，适当地把心中的怒气宣泄一下，把"气"放出来，就非常有利于自己的心态调整，有益于身心健康。

据有关资料介绍，这种办法有利于情绪得到很好的调整，还能够有效地降低人们的发病率，从而提高劳动效率。这里所谓的"出气"，实际上就是一种宣泄。

有幅漫画：一位总经理模样的人正在训斥一名职员，职员无奈，便转而训斥他的下属，下属生气，回家后居然莫名其妙地把气撒在妻子身上，妻子气极，便把委屈一股脑儿发泄在儿子身上，打了儿子一个耳光，儿子恼怒之下，飞起一脚踢向小狗，小狗疼得乱蹿，发疯似的冲出门乱咬，结果正好咬着从这儿路过的总经理。

需要我们注意的是，这里的总经理训斥下属，下属训斥妻子，妻子打儿子，儿子踢了小狗，便是本文所说的"宣泄"。

怒气是千万不能长期地积压的，从心理学角度来讲，适度宣泄能够减轻或消除心理或精神上的疲劳，把怒气发泄出来比让它积在心里要好得多，这样做能够使你变得更加轻松愉快。但你需要能够把握好宣泄的分寸，学会保持心理平衡的技巧。

适度的情绪发泄就像夏天的暴风雨一样，能够净化周围的空气，倾吐胸中的抑郁和苦衷，缓解紧张情绪。发泄的方法有很多，可以通过各种对话，也可找知己谈心或找心理医生咨询或通过写文章、写信来表达情感。如不能奏效，也可以痛哭一场，哭也是宣泄情绪的一种好方法。就如孩子遇到了伤心事，常常一哭了事。但男人，多以"男儿有泪不轻弹"自居，强忍悲痛而不流出眼泪。据有关资料表明，这种悲而不哭的情绪同男子患冠心病、胃溃疡、癌症比女人的高有一定的关系。因为悲伤与恐惧等消极情绪会使体内肽和激素含量过高而危害健康，而眼泪能帮助排泄一部分与健康有害的化学物质。

心理学家指出：人最好去认识了解自己的情绪，从而寻找出一个适当的宣泄方式，找准渠道。

人生在世难免会产生各种各样不良的情绪，如果不采取适当的方法加以宣泄和调节的话，对身心都将会产生极大的消极影响。所以，当一个人遇到不愉快的事情或心理方面受到委屈的时候，不要压在心里，当然，发泄的时候一定要注意对象、地点、场合，发泄的方法一定要适当，避免伤害其他人。

有一天，曾任美国陆军部长的斯坦顿来到林肯家里，生气地对他说一位少将用侮辱的话指责他偏袒一些人。林肯建议斯坦顿，写一封内容尖刻的信回敬那家伙。

"可以狠狠地骂他一顿。"林肯说。斯坦顿立刻写了一封措辞强烈的信，然后拿给总统看。

"对了，对了，"林肯高声叫好，"要的就是这个！好好训他一顿，真写绝了，斯坦顿。"但是当斯坦顿把信折好装进信封里时，林肯却一把叫住了他，问道："你想干什么？""寄出去呀。"这一问，斯坦顿有些摸不着头脑了。

"不要胡闹，"林肯大声说，"这封信不能发，快把它扔到炉子里去。凡是生气时写的信，我都是这么处理的。这封信写得好，写的时候你已经解了心中的怒气，现在你应该感觉好多了吧，那么就请你把它烧掉。"

过平静、舒适的生活是人们的愿望，人人都希望生活中充满欢笑。然而事实上，任何事物不可能尽善尽美，皆遂人愿，失败、挫折、矛盾、不幸，从不放过任何人，并对人们的精神状态造成各种影响，如果你在日常生活中遇到令人烦恼、怨恨、悲伤或愤怒的事情，把苦闷强压在心里，不加以宣泄和释放的话，就非常容易加重自身的精神心理负担，破坏人体的正常循环与平衡，引起机体一系列功能方面的障碍，从而导致各种疾病的发生，危害身心健康。

古人曰："忍泣者易衰，忍忧者易伤。"现代医学心理学研究证明，长期思想苦闷、情绪恶劣的人，由于免疫力、抗病力降低，极容易罹患消化性溃疡、偏头痛、高血压和神经衰弱等身心性疾病，恶劣情绪还被称为是癌症'的"催化剂"。美国精神分析学家霍莫斯就不良情绪对健康的损害做过专门研究，结果表明：配偶死亡，压力最大，为100点；其次是离婚，为73点；家人死亡为63点；与别人闹矛盾、争吵引起的情绪不良为23点。如果同时受到几种压力，则人心理上感受的总压力就更大，为几种压力的总和。假如一年中遭到300点以上，人的健康将自然会受到一系列严重的损害。如果能及时通过情绪充分表露出来，宣泄内心的不悦，就能排除体内毒素，从而减轻精神方面的严重压力。

总而言之，人们因日常生活中的各种紧张因素而造成的精神压抑是在所难避免的，但人们可采取适当的调节方法及时地发泄，不让不快情绪积蓄，以保持身心健康。

逆境中也要保持乐观

人在顺境之中，可以乐观、愉快地生活；人在困境中，也能乐观、愉快地生活吗？有的人能做到，有的人就不能。

宋代有位高僧，法号叫靓禅师。一次，靓禅师去施主家做佛事，路过一小溪，因前夜天降暴雨，溪水顿涨，加之靓禅师身体胖重，因而陷于溪流之中。他的徒弟连拖带拽，将其背到岸上。靓禅师坐在乱石间，垂头如雨中鹤。不一会儿，他忽然大笑，指溪作诗曰：

春天一夜雨滂沱，添得溪流意气多；

刚把山僧推倒却，不知到海后如何？

靓禅师在如此倒霉、尴尬的情况下，尚能开怀吟诗，如果没有乐观的生活态度，他做得到吗？

人要想在困境中达观、愉快，除了加强修养，坚定意志之外，一个重要的方法，就是换一个角度，站在另一个立场去看待自己所遇到的不幸，设法从中得到快乐。记住：

你改变不了环境，但你可以改变自己；

你改变不了事实，但你可以改变态度；

你改变不了过去，但你可以改变现实；

你不能控制他人，但你可以掌握自己；

你不能预知明天，但你可以把握今天；

你不能样样顺利，但你可以事事尽心；

你不能左右天气，但你可以改变心情；

你不能选择容貌，但你可以展现笑容；

你不能决定生死，但你可以提高生命质量。

一个人认为自己倒霉，找心理咨询师，"数数你拥有的幸福。"心理咨询师说，"这个练习可以让我们重新发现生命的美好。"

那位先生告诉咨询师："我钱没了、老婆也跑了，我已一无所有，又哪来的幸福？"

咨询师柔声地问道："怎么会呢？"

咨询师说："你有眼睛嘛！你还听得见，也能说话。还有从这些遭遇中，你有没有得到一些经验？"

"有。"

"所以，你怎么能说你一无所有呢？"

一个人如果心情沮丧，可以常问问自己，有没有一个健全的身体？有没有关心我们的父母或伴侣？有没有爱我们且需要我们的孩子？有没有未来的期待——一个假期，一个聚会？一次等待的邀约？一个期待的梦想？……

不要为自己没有的悲伤，要为自己拥有的欢喜。多做"数数我们拥有的幸福"这个练习，就能让心情飞扬起来。

你还可以拒绝付出

在一片美丽的海岸边，有一个商人坐在一个小渔村的码头上，看着一个渔夫划着一艘小船靠岸，小船上有好几尾大黄鳍鲔鱼。这个商人问渔夫要多少时间才能捕这么多？

渔夫说，一会儿工夫就捕到了。商人再问，你为什么不待久一点，好多捕一些鱼？渔夫回答：这些鱼已经足够我一家人生活所需啦！商人又问：那么你这一天剩下那么多时间都在干什么？

渔夫说：我呀？每天睡到自然醒，出海捕几些鱼，回来后跟孩子们玩一玩，睡个午觉，黄昏时，到村子里喝点小酒，跟哥儿们玩玩、侃侃大山，我的日子过得充实又忙碌呢！

商人不以为然，帮他出主意，他说：我是一个成功的商人，我建议每天多花一些时间去捕鱼，到时候你就有钱去买条大一点的船。自然你就可以捕更多鱼，再买更多的渔船，然后你就可以拥有一个渔船队。到时候你就不必把鱼卖给鱼贩子，而是直接卖给加工厂，或者自己开一家罐头工厂。如此你就可以控制整个生产、加工处理和销售。然后你可以离开这个小渔村，搬到大城市，在那里经营你不断扩充的企业。

渔夫问：这要花多少时间呢？

商人回答：十五到二十年。

渔夫问：然后呢？

商人大笑着说：然后你就可以在家坐享清福啦！

渔夫追问：然后呢？

商人说：到那个时候你就可以退休了！你可以搬到海边的小渔村去住。每天悠闲地睡到自然醒，出海随便捕几条鱼，跟孩子们玩一玩，再睡个午觉，黄昏时，到村子里喝点小酒，跟哥儿们侃侃大山。

商人的话一落音，连自己也窘迫了。他红着脸，在渔夫意味深长的注视下知趣而退。

聪明商人的所谓建议，只不过是要渔夫花几十年的时间，去换取一份悠闲的生活罢了——而这份生活，渔夫本来就拥有！

静下心来想一想，我们忙忙碌碌，到底追求的是什么呢？如果追求的是一种波澜壮阔的生活，你完全可以按照商人的建议去做；但如果你追求的是一种明净淡泊的生活，为什么要付出那么多？

给自己"东山再起"的机会

有人曾问一位成功的企业家成功的秘诀是什么？这位企业家毫不犹豫地回答：第一是坚持，第二是坚持，第三还是坚持。没想到他最后又加了一句：第四是放弃。确实，在一定的条件下，放弃也可能成为走向成功的捷径。条条大路通罗马，东边不亮西边亮。寻找到与自己才能相匹配的新的努力方向，就有可能创造出新的辉煌。

人不应当轻言放弃，因为胜利常常孕育在再坚持一下的努力之中。古时愚公移山，是一种伟大的坚持；当年红军长征也是一种伟大的坚持；科学家的发明创造也是一种伟大的坚持。法国杰出的生物学家巴斯德有句名言："我唯一的力量就是我的坚持精神。"不少人在前进的道路上，本来只要再多努力一些，再忍耐一些，就可以取得成功，但却放弃了，结果与即将到手的成功失之交臂。人只有经得起风吹雨打，在各种困难和挫折面前永不放弃，才有可能获得成功。但是，在有的情况下，你已经付出了最大的努力，却未取得理想的结果，这就需要认真考虑一下：如果是自己选定的目标、方向同自己的才能不匹配，就需要勇敢地选择放弃，寻找另一条出路，没有必要在一棵树上吊死。军事上有"打得赢就打，打不赢就跑"之说，明明知道不是敌人的对手，胜利无望，却硬要鸡蛋往石头上碰，不是太蠢了吗？这时最好的选择就是"打不赢就跑"。这不是怯懦，而是一个有大智慧的勇敢：勇敢地承认自己的选择错了。

当然，敢于放弃并不是毫不在乎，也不是随随便便，而是以平常心对待一切，既要抓住机遇，勤奋努力，又要放弃那些不切实际的幻想和难以实现的目标，做到不急躁、不抱怨、不强求、不悲观。人生在世，不可能没有追求，没有为之奋斗的目标。但是人生如果总是无休止地追求，而不知道放弃，对完全没有实现可能的目标仍然穷追不舍，结果不但会无端地浪费时间和精力，而且会因达不到预想目标而烦恼不堪，痛苦不已。正确的态度是：既要有所追求，又要有所放弃，该得到的得到，心安理得；不该得到的，或得不到的则主动放弃，毫不足惜。学会放弃，你就会告别因求之不得而带来的诸多烦恼和苦闷，就会丢掉那些压得你喘不过气来的沉重包袱，就会轻装前进，就会活得潇洒和滋润。

拿创业来说，放弃对于每一个创业者来说都是件痛苦不堪的事情。然而，在适当的时候放弃是一种成功。因为，适时的放弃能让你腾出精力去做更有意义的事情，能让你避免浪费有限的资金以便"东山再起"。

说放弃令人痛苦不堪既表现在它犹如割肉般痛苦，还表现在极难把握放弃的时间，掌握这个度是非常困难的。当你确认现有的资金无法让你支撑到新的资金注入时，应该果断地放弃。如果你一定要坚持到"弹尽粮绝"，那麻烦就会更大，千万别去赌"天上会掉下馅饼"来。当市场发生重大变化使你的核心竞争力大大降低，而你又无法拿出应对措施时应该放弃，别让自己"死"得太惨，如果那样，也许你连"东山再起"的机会都没了。

因为放不下到手的名利、职务、待遇，有的人整天东奔西跑，荒废了工作也在所不惜；因为放不下诱人的钱财，有的人成天费尽心机，利用各种机会想捞一把，结果却是作茧自缚；因为放不下对权利的占有欲，有的人热衷于溜须拍马、行贿受贿，不怕丢掉人格的尊严，一旦事件败露，后悔莫及⋯⋯

生命如舟。生命之舟载不动太多的物欲和虚荣。要想使之在抵达理想的彼岸前不在中途搁浅或沉没，就只能轻载，只取需要的东西，把那些可放下的东西果断地放掉。

生活中，每个人都应该学会盘算，学会放弃。盘算之际，有挣扎有犹豫。没有人能够为你决定什么该舍，什么该留。所谓的豁达，也不过是明白自己能正确地处理去留和取舍的问题。丢掉一个并不会对你产生多大影响的东西，你会对自己说，你可以做得比现在更好，还怕找不到更好的？

在工作与生活中，我们每个人时刻都在取与舍中选择，我们又总是渴望着取，渴望着占有，常常忽略了舍，忽略了占有的反面：放弃。

其实，懂得了放弃的真谛，也就理解了"失之东隅，收之桑榆"的妙谛。多一点中庸的思想，静观万物，体会像宇宙一样博大的胸襟，自然会懂得适时地有所放弃，这正是我们获得内心平衡，获得快乐的秘方。

其实有时会得到什么、失去什么，我们心里都很清楚，只是觉得每样东西都有它的好处，权衡利弊，哪样都舍不得放手。现实生活中并没有在同一情形下势均力敌的东西。它们总会有差别，因此，你应该选择那个对长远利益更重要的东西。有些东西，你以为这次放弃了，就不再会出现，可当你真的放弃了，你会发现它在日后仍然不断出现，和当初它来到你身边时没有任何不同。所以那些你在不经意间失去的并不重要的东西，完全可以重新争取回来。

磨难是人生的课堂

生活中出现逆境，也就意味着出现棘手问题需要我们处理。

如何面对？如果不能坦然面对它、接受它，就谈不到如何放下它、处理它。而事实上，一旦事情出现后，首先要求我们不是发牢骚，而是要能够设法改善它。需要的是行动，而不是抱怨。若不能改善，我们也要面对它、接受它，绝不能逃避。逃避责任，损失依然在那里，是不合算的，改善与处理已出现的糟糕局面才是最聪明的。

经过一番周密计划的事物也不一定完全可靠，也会发生意料之外的情况，这时候就更应该接受它，然后想办法处理它。

所以，如果计划之中的事在进行过程中发生问题，不必伤心也不必失望，应该继续努力，争取将损失减到最小，不要轻易放弃希望；如果事先经过详细的考虑，判断预先的结果不可能成功，那也只好放下它，这和未经努力就放弃是截然不同的。

这一切，都需要我们的冷静。我们要告诉自己：任何事物、现象的发生，都有它一定的原因。在紧急的情况下我们无法追究原因，也无暇追究原因，唯有面对它、改善它，才是最直接、最要紧的。也就是说，遇到任何困难、艰辛、不平的情况，都不要逃避，因为逃避不能解决问题，只有用我们的智慧和勇气把责任担负起来，才能真正从困扰的问题中获得解脱。

日本的船井先生大学毕业后，曾在几家经营公司工作过。由于他秉性倔强，经常和上司产生矛盾，于是每次都离去。

船井先生充满自信，认为自己有着卓越的才能，因而开始独立创业。但是，他主办的经营研究班开课了也没有人来所。后来他才深切体会到，别人依据的是招牌。他结了婚有了孩子，却突然发生了妻子撒手而去的惨剧，抱着还在吃奶的孩子，他绝望了，感到自己已无路可走。

过了一段时间他又有缘再婚，在开朗大度的妻子的支持下，研究班重新开始启动。针对当时刚刚崭露头角的超市等流通行业，船井先生认真做方案，终于取得了连战连捷的战果。

有一个方法可以让我们面对逆境——接受它。当我们的生活被不幸遭遇分割得支离破碎的时候,只有时间的手可以重新把这些碎片捡拾起来,并抚平它。但是我们要给时间一个机会。在刚遭受打击的时候,整个世界似乎停止了运行,我们的苦难也似乎永无止境。但无论如何,我们总得往前走,去完成自己生命计划中的种种目的。而一旦我们完成了这些生命中的一项一项的工作,痛楚便会逐渐减轻。终有一天,我们又能唤起以往快乐的回忆,并且感受到被新的生活护佑着,而不是被伤害。要想克服不幸的阴影,时间是我们最好的盟友,但唯有我们把心灵敞开,完全接受那不可避免的命运,我们才不会沉溺在痛苦的深渊里。

抚养三个小孩的克文女士,在医生那儿听到了一个噩耗:她的丈夫得了一种严重的心脏病,很可能随时会病发身亡。

"我听了医生的话感到恐惧不已,并且开始担忧。"克文女士说道:"我几乎每天晚上都不能入睡,没多久便瘦了15斤,医生认为我是过于神经质。一天晚上,我又失眠了,便反问自己总是这么担惊受怕是否于事有补。到了第二天早上,我便开始计划自己应该做些有用的事。由于我丈夫颇精于木工,并曾亲自做出过许多种家具,所以我要求他替我做了个床头小桌。他答应下来,并且花了好几个下午认真去做。我注意到这个工作带给他极大的乐趣,于是过后,他又为朋友做了好多家具。"

"除此之外,我们还开辟了一片园地,开始种花种菜。我们把收获最好的瓜果蔬菜送给朋友,并尽量想出一些我们可以帮助别人的事来做。假如一时没有什么事情,我们便坐下来讨论有关种植果树等种种计划。"

"在一天凌晨一点多的时候,我的丈夫突然发病过世。后来,我发现最近这几年中,我们一直把这可怕的压力放在一边,度过了有生以来最快乐、最有意义的生活。我就是这样面对悲剧,并尽力用最好的方式去接受它。"

克文女士用无比的勇气来面对不幸，使她丈夫在最后几年的岁月里过得快乐又有意义，而她自己本人也因此留下一段美好的回忆。

生命并不是一帆风顺的幸福之旅，而是时时摇摆在幸与不幸、沉与浮、光明与黑暗之间的模式里。我们不能像鸵鸟一样把头埋在沙堆里面，拒绝面对各种麻烦，而麻烦也不会因你的消极悲观获得解决。逆境不过是人类生活的一部分，只有客观现实地去面对，才是真正成熟的表现。

美国21岁的士兵麦克奉命参加以色列和阿拉伯之间的战争。他在一次战役中受了严重的眼伤，眼睛因此看不见东西。虽然他遭受了这么大的伤害和痛楚，但表现的个性仍然十分开朗。他常常与其他病人开玩笑，并把分配给自己的香烟和糖果分赠给好朋友。

医生们都尽心尽力想恢复麦克的视力。一日，主治大夫亲自走进麦克的房间向他说道：

"麦克，你知道我一向喜欢向病人实话实说，从不欺骗他们。麦克，我现在要告诉你，看来你的视力是不能恢复了。"

时间似乎停止下来，这一刻病房里呈现可怕的静默。

"大夫，我知道。"麦克终于打破沉寂，平静地回答道："其实，这些天来我也知道会有这个结果。非常谢谢你们为我费了这么多心力。"

几分钟之后，麦克对他的朋友说道：

"我觉得我没有任何理由可以绝望。不错，我的眼睛瞎了，但我还可以听得很好，我的身体强壮，不但可以行走，双手也十分灵敏。何况，就我所知，政府可以协助我学得一技之长，让我维持今后的生计。我现在所需要的，就是适应一种新生活罢了。"

这就是麦克，一名拥有明亮视野的盲眼士兵。由于他忙着计算和梦想自己所拥有的幸福，因此他没有时间去诅咒自己的不幸。这便是百分之百的成熟——也就是我们要面对逆境的方法。每个人在有生之年都要面对这样的考验。

命运并不偏爱任何人。我们每一个人都得经历一些苦难，正好像我们也历经许多欢乐一样。生活本身迟早会教育我们：接受苦难的生活经历和磨炼，对我们每个人都是平等的。无论是国王或乞丐、诗人或农夫、男人或女人，当他们面对伤痛、失落、麻烦或苦难的时候，他们所承受的折磨都是一样的。无论是任何年纪，不成熟的人会表现得特别痛苦或怨天尤人，因为他们不了解，诸如生活中的种种苦难，像生、老、病、死、或其他不幸，其实都是人生必经的磨炼阶段。记住：磨难是人生的课堂，不幸是人生的大学，只有经历过磨难和不幸并昂首走过来的人，才是成功者。